细胞生物学层次化实验指导（配套数字化资源）

薛雅蓉　张　晶　华子春　主编

科学出版社

北京

内 容 简 介

本教材包括文字和数字化资源两大部分内容，填补了国内缺少细胞生物学实验数字化教材的空白。文字部分共分为五章，前三章包含55个有代表性的细胞生物学实验，内容涵盖细胞结构与组成、细胞生理生化、细胞遗传、细胞分化等内容，依据类型、难度、用时等特点，归类为基本型细胞实验、综合型细胞实验和开放探索型细胞实验；后两章分别介绍细胞生物学著名的实验发现和细胞生物学先进仪器设备。数字化资源部分包含了近20个可通过扫描二维码等方式方便地在手机、电脑等终端观看的教学视频，内容主要为相关实验的难点操作和先进实验仪器设备的使用方法。数字化资源让纸质载体的实验教程更加生动、真实地得以展现和拓展，有利于学生自主式学习及提高教学效果。

本教材内容丰富，适合作为综合性大学、师范院校和农林、医学、药学等院校生命科学及相关专业的本科生、研究生的细胞生物学实验教材。

图书在版编目（CIP）数据

细胞生物学层次化实验指导（配套数字化资源）/ 薛雅蓉，张晶，华子春主编. —北京：科学出版社，2018.12
ISBN 978-7-03-059283-5

Ⅰ. ①细… Ⅱ. ①薛… ②张… ③华… Ⅲ. ①细胞生物学－实验－高等学校－教学参考资料 Ⅳ. ① Q2-33

中国版本图书馆 CIP 数据核字（2018）第 243064 号

责任编辑：王玉时 文 茜／责任校对：严 娜
责任印制：赵 博／封面设计：庆全新光

科学出版社 出版
北京东黄城根北街16号
邮政编码：100717
http://www.sciencep.com
北京天宇星印刷厂印刷
科学出版社发行 各地新华书店经销
*
2018 年 12 月第 一 版 开本：787×1092 1/16
2025 年 2 月第七次印刷 印张：11
字数：261 000
定价：39.00 元
（如有印装质量问题，我社负责调换）

《细胞生物学层次化实验
指导（配套数字化资源）》
编写人员名单

主编： 薛雅蓉（南京大学）

张　晶（南京大学）

华子春（南京大学）

参编（以姓氏汉语拼音为序）：

陈典华（南京大学）

侯东霞（南京大学）

林　弘（南京大学）

刘常宏（南京大学）

刘智慧（南京大学）

庞延军（南京大学）

徐文玲（安徽省安庆市科学技术局）

杨永华（南京大学）

仲昭朝（南京大学）

庄　重（南京大学）

前　言

　　细胞是组成生命有机体（除病毒外）的基本功能单位。细胞生物学是研究细胞结构、功能及生命活动规律的科学，是构筑生命科学体系的重要基础学科之一；其重大创新成果层出不穷，成为推动现代生命科学迅猛发展的重要支撑学科。仅 21 世纪的前 18 年里，就有 6 项细胞生物学的相关研究获得了诺贝尔生理学或医学奖。例如，2001 年细胞周期调控、2002 年细胞凋亡的遗传规律、2016 年细胞自噬机制等。与此相映衬，细胞生物学课程一直在生命科学相关学科（生命科学、医学、药学、农学等）的人才培养体系中占有重要的位置。

　　细胞生物学是一门实验科学，重大创新成果的获得及学科的快速发展都离不开实验方法与技术手段的进步，因此，细胞生物学实验方法与技术教学的重要性不亚于细胞生物学理论教学。而为了取得良好的教学效果，优质的实验教材必不可少。

　　本教材编写团队的各位主编不仅长期从事细胞生物学领域的科学研究工作，而且多年来承担本科生及研究生的细胞生物学理论与实验教学工作，积累了丰富的理论和实验教学经验，充分了解学科发展、教学要求及学生需求；其他参编人员也在所编写内容部分有所专长。主编们在开展科学研究的同时，高度注重教学研究，坚持科学研究与教学研究并重和互动，已发表多篇与细胞生物学理论及实验相关的教学研究论文，并应不同教学对象的不同教学需求，编著了以基本实验为主的《实用细胞生物学实验》（2012年）和兼顾基础性、综合性与创新性的《细胞生物学层次化实验指导》（2014 年）。这两本教材均反响良好，已多次印刷。《细胞生物学层次化实验指导》还获评"'十二五'江苏省高等学校重点教材"（2014 年度）。

　　随着细胞生物学新技术、新方法、新手段不断涌现及应用，细胞生物学实验教材的建设也应当保持与时俱进，适应时代对细胞生物学人才培养的要求。《细胞生物学层次化实验指导》（2014 年）编写时注重实验项目的分类，遵循循序渐进的教学规律，将实验项目分为基本型、综合型、开放探索型三个层次。本教材的主要改革在于以下两个方面。

　　（1）考虑到细胞生物学重大科学发现过程体现了科学思维、科学研究方法和实验技术的有机统一，科学故事有助于启发学生思维，而科学仪器的不断进步和推陈出新是现代生物科学研究突飞猛进的重要推动力，因此，本教材的纸质部分增加了细胞生物学重大发现的科学故事和细胞生物学领域先进仪器使用的相关内容章节。

　　（2）考虑到数字化资源具有生动、易懂、有趣、仿真度高、易推广，且便于更新、扩展等优点，以及目前国内同类实验教材的数字化建设严重不足的现状，本教材在深化和优化纸质版教材内容的基础上，增加了数字化内容。这些内容由富有教学经验的编写团队成员认真遴选、规划、撰写脚本并聘请专业的公司拍摄制作，包括先进仪器设备的原理和应用、实验操作的关键技术点的动画及视频，以及典型实验结果的真实展示。数字化内容的添加有的放矢，让纸质实验教程更加生动、真实地得以展现和拓展，有利于提高教学效果。

本教材是在网络与数字时代、在教育部重视虚拟仿真教学的背景下，将数字化教材和传统纸质教材相融合的成果，既保留了适于传统阅读的纸质版本，又融合了交互性好的数字化资源。其特色与创新在于：不仅填补了国内细胞生物学实验数字化教材的空白，同时又应用信息化平台，为自主式学习和探究式学习等新型学习方式提供了相应的新形态教材。在编写过程中，具有近20年细胞生物学实验执教经验的薛雅蓉老师全面负责教材编写工作的组织及大部分文字内容（包括视频脚本）的撰写，张晶老师负责部分文字内容的编写及视频拍摄的现场指导等，华子春教授全面审核教材内容，并撰写前言等内容，其他编者参与了数字化视频制作的组织、操作、审核、修改等工作。

本教材所收录实验方法的验证工作及视频的拍摄工作主要在南京大学生命科学实验教学中心完成，期间受到南京大学有关领导、中心领导与相关教师的鼎力支持；视频由南京天马行空多媒体科技有限公司制作完成；视频拍摄及教材出版得到了南京大学教务处通过立项的南京大学"十三五"实验教学改革研究课题重点项目和南京大学"十三五"规划教材建设项目的支持，资金来源为中央高校教育教学改革专项资金（2017，2018）。此外，本教材的出版还得到编者家人和同事及科学出版社工作人员的多方支持，在此一并表示诚挚的感谢！

在教材编写过程中，编者秉持认真负责的态度，努力做到内容先进、结构合理、实验方法科学并可行，语言描述清晰而富有逻辑。但是，由于编者的水平所限，不足之处在所难免，欢迎广大读者提出宝贵意见，以便本教材能不断完善。

华子春

2018 年 10 月 15 日

目 录

本书配套的数字资源如下：

1. 部分实验操作视频

 视频 1　血细胞涂片制备与染色观察

 视频 2　小鼠腹腔注射与腹腔液的抽取

 视频 3　单个核细胞分离与细胞计数

 视频 4　压片法制备植物细胞分裂标本片

 视频 5　鸡胚原代细胞获取

 视频 6　贴壁细胞的传代与冻存

 视频 7　Transwell 实验

 视频 8　细胞划痕实验

 视频 9　细胞培养准备工作

2. 部分仪器使用视频

 视频 10　细胞磁分选原理及应用

 视频 11　BD Accuri C6 流式细胞仪的使用

 视频 12　Bio-Rad iMark 型酶标仪的使用

 视频 13　相差显微镜的原理及应用

 视频 14　透射电子显微镜原理及应用

 视频 15　激光共聚焦显微镜的操作与应用

 视频 16　超高分辨率荧光显微镜

 视频 17　高内涵细胞成像和分析系统

 视频 18　冷冻切片机原理及应用

第一章

基本型细胞实验

第一节 细胞的形态、结构观察及组成显示

细胞的形态、结构及组成是细胞的基本特性，也是细胞研究的基础和必要工作。

要对细胞进行观察，必须先制备细胞标本片。依制片方法及特点不同，制备的细胞标本片有：装片、涂片、压片、印片、爬片、铺片、磨片、徒手切片、冰冻切片、石蜡切片、超薄切片等。其中，装片、涂片和徒手切片是最常用的制片。

由于细胞的大小（1～30μm）超出人肉眼的分辨率（100μm），对细胞形态及结构的观察需要借助于各种显微镜。普通光学显微镜（光镜）可观察超过 0.2μm 大小的结构，电子显微镜（电镜）可观察小于 0.2μm 但大于 0.1nm 的结构。有自发荧光或荧光染色的结构还可借助荧光显微镜或激光共聚焦显微镜进行观察。

可利用已知染色试剂及化学反应原位显示细胞化学组成，并利用显微镜进行定性、定位和定量研究。这种研究细胞的科学称为细胞化学（cytochemistry），包括细胞成分的普通染色和荧光染色、酶细胞化学、免疫细胞化学、电镜细胞化学等。

普通染色指用普通光学显微镜可以观察结果的细胞结构及组分直接染色技术，如用亚甲蓝染料染细胞核、甲基绿 - 派洛宁（吡罗红）染 DNA 和 RNA、詹纳斯绿 B（Janus green B）染线粒体、中性红（neutral red）染液泡、碘染淀粉、油红 O 染脂肪等。

荧光染色指用针对细胞器或细胞化学成分的特异荧光探针对细胞进行染色，并借助荧光显微镜、激光共聚焦显微镜观察结果的技术，如用碘化丙啶（PI）、4,6- 二脒基 -2- 二苯基吲哚（DAPI）、Hoechst33342 等染核，用 JC-1、Mito-Tracker Green 等染线粒体，DCFH-DA 染活性氧等。

酶细胞化学是利用特定酶的作用底物进行细胞内某种酶的定位与活性显示的实验技术。

免疫细胞化学（immunocytochemistry，ICC）是利用免疫学原理，用荧光素、酶、金属、发光物质等可视系统标记抗体（或抗原），然后通过特异的抗原 - 抗体反应，原位显示细胞及组织抗原或半抗原成分的方法。根据标记物的不同，免疫细胞化学可分为免疫酶细胞化学技术、免疫荧光细胞化学技术、免疫金 - 银细胞化学技术、免疫胶体铁蛋白技术、亲和免疫细胞化学技术以及免疫电子显微镜技术等，标记物分别为酶、荧光素、胶体金、胶体铁、亲和配体等。其中免疫酶细胞化学技术和免疫荧光细胞化学技术最为常用。免疫细胞化学检测范围非常广，包括各种蛋白质、多肽、核酸、部分类脂、多糖等。

电镜细胞化学是从光镜细胞化学的基础上发展起来的一种超微结构显示技术，是利用特定的化学显色反应，形成高电子密度、不溶性的反应产物沉淀在细胞原位，借助电子显微镜进行超微结构的原位分析。其中包括免疫电镜技术、电镜酶细胞化学技术等。

实验 1　血细胞装片和涂片的制备及染色观察

装片法是一种最为简单、最为常用的生物组织及细胞玻片标本制备方法，是将微小的生物或从生物体上撕下、挑取的少量材料封装于载玻片与盖玻片之间制成标本。其基本上保持了细胞的原有形态及状态。动物细胞悬液，藻类、菌类、蕨类的原叶体、孢子囊，纤细的苔藓植物，被子植物的表皮、花粉粒，幼小动物等都可用装片法制备标本。

涂片法是指将细胞悬液均匀地涂布在载玻片上制备细胞标本，可用于制备各种细胞悬液的可保存光学显微镜标本片。培养的各种悬浮细胞及人医临床标本血液、骨髓、痰液、羊水、生殖道分泌物、胸腹腔渗出液等都可用涂片法制备标本。细胞涂片可用手工方法制备（常规科研实验室），也可用自动薄层液基细胞涂片技术制备（医院）。

一、实验原理

适当稀释的绵羊抗凝血及大肠杆菌菌液，制成装片后细胞密度适当，可在显微镜下观察其中的细胞形态。

而用推片法将血液制成薄的血涂片，可使血细胞呈单层排列。用含天青和伊红的复合染料如瑞氏（Wright's）染液进行染色时，细胞中的碱性物质如红细胞中的血红蛋白及嗜酸性粒细胞细胞质中的嗜酸性颗粒等与酸性染料伊红结合染成红色；细胞质中的嗜碱性颗粒与碱性染料亚甲蓝结合染成蓝色；中性粒细胞的中性颗粒呈等电状态，与伊红和亚甲蓝均不能很好地结合，染成淡紫红色。

二、实验材料、试剂及用品

1. 材料

（1）新采集小鼠血。采集时需加肝素钠溶液抗凝，心脏采血，用于涂片制作；再用0.9% NaCl 溶液（生理盐水）稀释 500 或 1000 倍，用于装片。

（2）大肠杆菌菌液。大肠杆菌 DH5α，液体 LB 培养过夜，用生理盐水稀释 20 倍。

2. 试剂

（1）0.9% NaCl 溶液（生理盐水）。

（2）肝素钠溶液。用生理盐水配成 180IU/mL。

（3）瑞氏染液。瑞氏染料粉末 0.1g，甲醇 60mL，把染料放在研钵内，加少量甲醇研磨，使染料溶解，然后把溶解的染料倒入干净的棕色玻璃瓶，并加入甲醇至甲醇用完为止。

（4）pH6.4 的磷酸盐缓冲液（PBS）。磷酸二氢钾（无水）0.3g，磷酸氢二钠（无水）0.2g，先加 800mL 蒸馏水溶解，调 pH 至 6.4，再补加蒸馏水至 1000mL。

3. 用品

普通光学显微镜、载玻片及盖玻片、酒精棉球、蜡笔、胶头吸管、1.5mL EP 管、吸水纸、擦镜纸等。

三、实验步骤

1. 细胞装片的制备及显微观察

（1）细胞装片的制备。取载玻片，用胶头吸管向其中央位置分别滴加羊血细胞悬液和大肠杆菌细胞悬液，加盖玻片，制成装片。对于初次观察的细胞样品，可滴加较多量（1个自然滴，约50μL）的细胞悬液，使标本较厚，在显微镜下调焦时可通过寻找流动的液体判断细胞层，确保所观察到的物体为细胞悬液中的细胞。当对细胞形态有了初步认识后，如要进一步观察细胞形态结构，可滴加适量（以加盖玻片后细胞悬液恰好布满整个盖玻片下面为原则）细胞悬液。为了避免加盖玻片时产生气泡，可先让盖玻片一侧边缘接触液滴边缘，待液滴沿盖玻片边缘展开后，随液体扩散缓慢放下盖玻片。

（2）显微观察。旋转物镜转换器到10×物镜，先将粗准焦螺旋外旋，使标本升至最高点，然后一边用眼睛通过目镜观测标本，一边逐渐向内旋转粗准焦螺旋，直至视野中出现晃动的液体，观测细胞即在其中。如视野中细胞太小，转换物镜至40×高倍镜，一般稍微向外旋转细准焦螺旋即可看到清晰的物像。为了便于调焦，可用记号笔在盖玻片旁边的载玻片上画一道线，先对该线调焦，至清晰观察到所画线后，再微调焦即可调至细胞层。

观察结果：血细胞装片视野中主要为小鼠红细胞，呈圆形，细胞质均匀；另外，可以看到表面呈毛刺样的粒细胞、较大且细胞质中有颗粒的单核细胞等；大肠杆菌则为长短不一的杆状细胞。

2. 血细胞涂片的制备、染色及观察

方法详见"视频1　血细胞涂片制备与染色观察"。

（1）清洁载玻片。使用前，必须仔细清洗，并用软布或脱脂棉蘸取70%乙醇清洁。目的是便于制片均匀；避免酸碱物质对染色的影响。

（2）加样。用胶头吸管加1小滴（约10μL）细胞样品于载玻片长轴一端离边缘约1cm处中央。

（3）推片。将有样品的载玻片（A）放在实验台等平坦地方，右手持另一张载玻片（B）作为推片，用一侧短边边缘接触血滴前沿，待血滴沿载玻片B边缘展开后，使载玻片B以与载玻片A呈30°～45°角向前匀速移动，将血液推成厚薄适宜的血涂片。

（4）干片。①空气干燥。在空气中晃动血涂片，使其迅速干燥。②加热干燥。握住涂片，在距离酒精灯火焰上方约5cm处晃动，加热干燥。

（5）选区。在显微镜下观察，选取细胞分散良好、分布均匀的血膜作为染色区域，用蜡笔画圈（3cm×2cm）作堤防，将欲染色区域围起来，防止染色时染料快速在载玻片上扩散而干掉。

（6）染色。用瑞氏染液染色，先滴加适量瑞氏染液覆盖选定区域，1min后再滴加等量pH6.4的PBS稀释染液，轻轻旋转载玻片混匀，液面应浮现一层黄色金属样物质，然后静置染色15～20min。

（7）洗去多余染液。不要倒掉染液，直接用流水或滴加蒸馏水洗去浮液，自然晾干或用吸水纸吸干。

（8）封片。如要保存留用，可滴树胶加盖片封固。

（9）结果显微观察。

红细胞：圆饼状无核，中间薄，周围厚；数量最多，布满整个视野。

淋巴细胞：基本圆形；比红细胞稍大。核深染且几乎占据细胞全部，一侧常有小凹陷；细胞质色淡，很少，仅在细胞核外有一薄圈。数量为白细胞中最多的，通常超过 70%。

单核细胞：最大，少；细胞体圆形或椭圆形；核常偏位，形态多样（卵圆形、肾形、马蹄形等）；细胞核着色比淋巴细胞核浅；核质比小于淋巴细胞。数量通常不到白细胞总数的 1%。

中性粒细胞：形态不规则，外周常有突起；核腊肠状或分叶状（2～5 叶），细胞质颗粒细小，染色浅。数量在白细胞中仅次于淋巴细胞，通常超过白细胞总数的 20%。

嗜酸性粒细胞：细胞体圆形，直径为 10～15μm，细胞核常为 2 叶，细胞质充满粗大的红色颗粒。数量占白细胞总数的 2% 左右，随品种与鼠龄有较大变化。

嗜碱性粒细胞：细胞呈球形，直径 10～12μm；细胞核不规则，分叶或呈 S 形，着色较浅；细胞质内有大量深染的嗜碱性颗粒，有时将核覆盖。数量极少，很难找到。

血小板：最小（2～4μm），多角形，聚集成群。

四、注意问题

（1）涂片用血量需适宜，太多导致标本过厚、细胞重叠，不便观察；也会因干燥过慢、缓慢失水造成细胞皱缩变形；太少导致血膜太薄、细胞太稀，不便观察。

（2）血涂片需干透后再进行染色，否则细胞在染色过程中容易脱落。

（3）用蜡笔作堤防时画的圈要完整，以免染料从缺口处流失。

（4）冲洗时不能先倒掉染液，以防染料沉着在血涂片上；冲洗时间不能过久，以防脱色。如血涂片上有染料颗粒沉积，可滴加甲醇，然后立即用流水冲洗；如染色不够，可补染，染色时先加 PBS 后加瑞氏染液。

（5）注意染液及冲洗液的 pH。瑞氏染色适宜 pH 为 6.4～6.8，染色液偏酸或偏碱均可使细胞染色反应异常，不好辨认。

五、作业与思考题

（1）根据观察结果，画图显示小鼠各种血细胞。

（2）若制备细胞涂片的细胞悬液样品浓度过小，制片前需要作何预处理？

六、参考文献

安利国. 2005. 细胞生物学实验教程［M］. 北京：科学出版社.

刘志兰，杨彬，赵宝忠. 2011. 血细胞涂片瑞氏染色法缓冲液的选择［J］. 临床检验杂志，29（4）：252-253.

孙婉玲，刘聪艳，李辉，等. 2010. 细胞涂片间期荧光原位杂交在血液系统疾病中的应用［J］. 中国实验血液学杂志，18（1）：204-207.

张哲，商建峰，陈东，等. 2014. 离心沉降式宫颈液基细胞涂片的常见技术问题解析［J］. 诊断病理学杂志，21（5）：314-315.

七、拓展实验

分别用等量 1mol/L 盐酸和 1mol/L NaOH 溶液与 pH6.4 的 PBS 混合后再稀释瑞氏染液染色血细胞涂片，观察染色环境偏酸和偏碱对于染色效果的影响。

实验 2　植物细胞的叶绿体、线粒体及液泡观察

活体染色是指对生活有机体的细胞或组织能着色但又无毒的一种染色方法。意义是：便于观察活细胞内相关结构的变化。具体染色方法有：体内活染和体外活染（超活染色）。体内活染动物细胞时，常用注射法将染料注入动物体内；体内活染植物细胞时，可将染液加在培养基中。常用染料有：詹纳斯绿 B、中性红、亮焦油紫、亚甲蓝、尼罗蓝（Nile blue）等。詹纳斯绿 B 和亮焦油紫都可用于线粒体染色，前者主要用于体外活染，后者可用于体内活染。中性红用于染液泡系，包括动物细胞的吞噬泡、食物泡、植物细胞的液泡等；中性红体内体外均可用；亚甲蓝可用于染神经组织；尼罗蓝可染原生动物的大核。

一、实验原理

将撕取的植物叶下表皮制备成装片可看到气孔及保卫细胞、副卫细胞、栅栏细胞等，栅栏细胞内的叶绿体较多而大，可不经染色而在普通光学显微镜下直接观察。细胞内的线粒体可被线粒体特异活体染料詹纳斯绿 B 染色呈现蓝绿色，液泡可被液泡系特异活体染料中性红染色而呈红色。两种染料染色的原理是：中性红为弱碱性染料，专一在酸性的细胞器中积累。在中性或微碱性环境中，活细胞的液泡吸收中性红，进入液泡的中性红在酸性环境中解离出阳离子而呈现红色。詹纳斯绿 B 可被线粒体的细胞色素氧化酶氧化成蓝绿色。

二、实验材料、试剂及用品

1. 材料
青菜。
2. 试剂
（1）0.04% 中性红生理盐水溶液。先配成 1% 中性红水溶液，再用蒸馏水将 1% 中性红水溶液稀释成 0.04% 溶液，盛棕色瓶中，暗处保存。
（2）0.02% 詹纳斯绿 B 生理盐水溶液。先配成 1% 詹纳斯绿 B 水溶液，再用 0.9% NaCl 溶液将 1% 詹纳斯绿 B 水溶液稀释成 0.02% 溶液，盛棕色瓶中，暗处保存。
3. 用品
普通光学显微镜、单面刀片、圆头牙签、胶头吸管、载玻片与盖玻片等。

三、实验步骤

（1）取 5 片载玻片，分别在其中 3 片中央滴加 2 滴蒸馏水、詹纳斯绿 B 染液及中

性红染液；另 2 片先滴加 2 滴詹纳斯绿 B 染液，染色 10min 后再滴加中性红染液，其中一片染色 8min 后加盖玻片观察，另一片染色 38min 后再加盖玻片观察。

（2）撕片。左手拇指和食指夹住叶片，使所需表皮面朝向自己，用右手拇指和食指夹住叶片向内、向下随意撕下表皮。

（3）修片。将表皮用剪刀剪成（或放在载玻片上，用刀片切成）边长为 3～5mm 的小片。

（4）展片。用镊子夹取修好的表皮放于水或染液滴中展开。

（5）盖片。给水中表皮直接加盖玻片，中性红染液中的表皮待染色 5～10min 后加盖玻片，詹纳斯绿 B 中的表皮待染色 15min 后加盖玻片，混合染液中的表皮待染色 45min 后加盖玻片，覆盖吸水纸轻压以吸去盖玻片周围多余水分。

（6）观察。叶绿体为荧光绿色，线粒体呈深蓝色，液泡呈红色。

四、注意问题

（1）染料使用浓度。中性红体外一般为 1/3000～1/1000，动物注射可达 1%～2%；詹纳斯绿 B 为 1/5000～1/3000。

（2）配染液用溶剂的渗透压及 pH 应尽量接近观察材料生活环境的液体。

（3）詹纳斯绿 B 染色时应尽量处于有氧状态。

五、作业与思考题

（1）描述表皮上各种细胞的叶绿体、线粒体、液泡的形态、大小及分布。

（2）通过观察，分析植物细胞叶绿体、线粒体和液泡的相对位置。

六、参考文献

薛雅蓉，张晶，华子春. 2012. 实用细胞生物学实验［M］. 北京：科学出版社.

七、拓展实验

用适当的方法致植物细胞死亡，然后分别用詹纳斯绿 B 和中性红染液染色，观察染色结果。

实验 3　青蛙或蟾蜍胸骨剑突软骨细胞高尔基体的中性红染色

真核细胞的高尔基体（Golgi body，Golgi apparatus）是一个重要的细胞器，与细胞的分泌功能有关。高尔基体既控制细胞内新合成蛋白质和脂类的修饰、分选和运输到目的位置等重要过程，又参与细胞外物质进入细胞内的运输和信号转导过程。

电镜下，高尔基体由平行排列的扁平膜囊、液泡（vacuole）和小泡（vesicle）等三种膜状结构组成。可用活细胞液泡系专一染料中性红显示高尔基体，也可用免疫荧光法显示高尔基体。

一、实验原理

中性红为弱碱性染料，专一在酸性的细胞器如液泡系中积累。软骨细胞能分泌软骨黏蛋白和胶原纤维等，因而粗面内质网和高尔基体都发达，用中性红超活染色后，可明显地显示出液泡系。

二、实验材料、试剂及用品

1. 材料

青蛙或蟾蜍。

2. 试剂

（1）Ringer液。NaCl 0.65g，KCl 0.25g，CaCl$_2$ 0.03g，蒸馏水溶解并加至100mL。

（2）1%、1/3000中性红溶液。称取0.5g中性红溶于50mL Ringer液，稍加热（30～40℃）使之很快溶解，用滤纸过滤，即为1%中性红原液，装入棕色瓶于暗处保存，否则易氧化沉淀，失去染色能力。临用前，取1%中性红溶液1mL，加入29mL Ringer液混匀，装入棕色瓶备用。

3. 用品

普通光学显微镜、剪刀、胶头吸管、载玻片及盖玻片等。

三、实验步骤

（1）在载玻片上滴加2～3滴中性红染液。

（2）将青蛙或蟾蜍处死，剪取胸骨剑突最薄的部分一小块，放入载玻片上的中性红染液中，染色8～10min。

（3）用胶头吸管吸去染液，滴加Ringer液，盖上盖玻片进行观察。

（4）在高倍镜下，可见软骨细胞为椭圆形，细胞核及核仁清楚易见，在细胞核的上方细胞质中，有许多被染成玫瑰红色大小不一的泡状体。

四、参考文献

鲍时来. 2006. 高尔基体的结构与功能研究简介［J］. 生物学通报，41（9）：10-11.

王金发. 2007. 细胞生物学［M］. 北京：科学出版社.

实验4　马铃薯和花生徒手切片的制备及细胞内多糖、脂肪的染色

一、实验原理

马铃薯富含植物多糖淀粉，花生富含脂肪和蛋白质，因此，可分别作为显示细胞多糖、脂肪、蛋白质的理想材料。

细胞中多糖（包括糖原）常用高碘酸（过碘酸）-Schiff试剂反应，简称PAS反应（periodic acid Schiff's reaction）。原理是利用高碘酸作为强氧化剂，使糖分子中的乙二醇变成乙二醛，醛基再与Schiff试剂反应形成紫红色的化合物。

脂肪或油滴常用脂溶性染料进行鉴定，常用染料如苏丹Ⅲ乙醇溶液，其可使脂肪或油滴呈橘红色。其他染料还有苏丹Ⅱ、苏丹Ⅳ、油红O等。

二、实验材料、试剂及用品

1. 材料

马铃薯块茎和泡胀的花生。

2. 试剂

（1）1% 的高碘酸（periodic acid）溶液。

（2）Schiff 试剂。将 0.5g 碱性品红加入 100mL 沸水中，不停搅拌，煮 5min，使之充分溶解；室温冷却至 50℃，过滤，加入 10mL 1mol/L 盐酸；冷却至 25℃ 时加入 0.5g 偏重亚硫酸钠，室温放置 24h，其颜色为褐色或淡黄色。加活性炭 0.5g 摇 1min，过滤，滤液应为无色。置棕色瓶中密封，4℃ 保存。一般可保存数月。

（3）0.5% 偏重亚硫酸钠。0.5g 偏重亚硫酸钠，溶于 95mL 水中，再加入 5mL 1mol/L 盐酸，临用前配制。

（4）苏丹Ⅲ染液。用 95% 的乙醇配成 0.5% 的溶液。或先用 95% 乙醇配成 1% 溶液，再加等体积甘油。

3. 用品

双面刀片、6cm 平皿、毛笔、载玻片与盖玻片等。

三、实验步骤

1. 多糖的显示

（1）将马铃薯块茎及花生切成长、宽、高适合的小块（便于手握制备徒手切片）。

（2）将小块置 1% 的高碘酸溶液中反应 5～10min。

（3）水洗 3 次，每次 1～2min。

（4）在 Schiff 试剂中反应 10～15min，至马铃薯块显紫红色。

（5）用 0.5% 偏重亚硫酸钠漂洗 3 次，每次 1min，除去背景色。

（6）制备显色部位的徒手切片，水稍洗，盖片观察。

（7）结果。马铃薯淀粉粒（多糖）呈现紫红色。

2. 脂肪的显示

（1）制备马铃薯块茎和花生（已预先泡胀）的徒手切片。

（2）将足够薄的切片平铺于盖玻片中央，晾干。

（3）将盖玻片置于密闭容器中的苏丹Ⅲ染液中染色 30min 以上。

（4）观察标本中染成橙红色的脂肪。

四、注意问题

（1）淀粉以 PAS 反应显示时，染色后水洗时间不可过长，避免将细胞中淀粉粒洗掉。

（2）因苏丹Ⅲ染液用乙醇配制，染色时要在密闭容器中进行，防止乙醇挥发而致染料颗粒沉淀。

五、作业与思考题

（1）描述马铃薯和花生中多糖及脂肪的含量与分布。

（2）为什么 PAS 法显示的主要是多糖而非单糖？

六、参考文献

王金发. 2011. 细胞生物学实验教程［M］. 2 版. 北京：科学出版社.
辛华. 2004. 细胞生物学实验［M］. 北京：科学出版社.

实验 5 孚尔根法显示细胞中的 DNA

一、实验原理

DNA 是由许多单核苷酸聚合成的多核苷酸，每个单核苷酸又由磷酸、脱氧核糖和碱基构成。DNA 在 60℃条件下经 1mol/L 盐酸水解后，其上嘌呤碱和脱氧核糖之间的双键打开，使脱氧核糖第一碳原子上形成游离醛基，游离醛基可与 Schiff 试剂原位反应形成紫红色的化合物。

二、实验材料、试剂及用品

1. 材料
洋葱。
2. 试剂
（1）1mol/L 盐酸。浓盐酸 8.5mL，加蒸馏水至 100mL。
（2）Schiff 试剂。配制方法见实验 4。
（3）0.5% 的偏重亚硫酸钠水溶液。配制方法见实验 4。
3. 用品
普通光学显微镜、刀片、镊子、40mL 小烧杯、9cm 平皿等。

三、实验步骤

（1）撕取洋葱鳞茎内表皮，裁成 0.5cm×0.5cm 的小块。
（2）将表皮块放在 40mL 小烧杯中的 1mol/L 盐酸中，60℃水浴中水解 8～10min。
（3）蒸馏水漂洗 2 次，每次浸泡 3min。
（4）在 6cm 平皿中用 Schiff 试剂遮光染色 30～60min，至呈紫红色。
（5）用新鲜配制的 0.5% 的偏重亚硫酸钠水溶液（可放在 6cm 平皿中）洗 3 次，每次浸泡 1min。
（6）浸泡水洗 5min。
（7）制备装片。
（8）显微观察。细胞中的 DNA 应呈现紫红色的阳性反应。
对照标本：①先将材料放在 5% 三氯乙酸中 90℃水浴 15min，把 DNA 抽提掉；②材料不经盐酸水解，直接染色。

四、注意问题

注意水解时间。

五、作业与思考题

显示 DNA 的孚尔根法与显示多糖的高碘酸（过碘酸）-Schiff 试剂反应有何异同？

六、参考文献

辛华. 2004. 细胞生物学实验［M］. 北京：科学出版社.

实验 6　甲基绿-派洛宁染色法显示细胞中的 DNA 和 RNA

一、实验原理

甲基绿和派洛宁（吡罗红）均为碱性染料，在 pH4.6 时可以竞争结合核酸，甲基绿较易和 DNA 结合，派洛宁较易和 RNA 结合，用混合的甲基绿-派洛宁染液就可同时染出细胞的 DNA 和 RNA。

二、实验材料、试剂及用品

1. 材料
新鲜牛蛙血。
2. 试剂
（1）70% 乙醇。
（2）乙酸-乙酸钠缓冲液（pH4.8）。乙酸钠 410mg，冰醋酸 0.3mL，蒸馏水 50mL。
（3）甲基绿-派洛宁染液。临用时现配，2% 甲基绿水溶液（经氯仿抽提）8mL，2% 派洛宁 G 水溶液（经氯仿抽提）5mL，乙酸-乙酸钠缓冲液（pH4.8）30mL。
甲基绿和派洛宁 G 抽提方法：先分别将甲基绿和派洛宁 G 配成 2% 的溶液；在 250mL 的分液漏斗中，分别将 2% 的甲基绿和派洛宁 G 溶液与等体积氯仿充分混合，待分层完全（甲基绿或派洛宁 G 溶液在上层，氯仿在下层），放出氯仿；重复抽提，直至氯仿无色。氯仿抽提后，再加等量氯仿于 4℃冰箱贮存。
（4）95% 乙醇。
3. 用品
普通光学显微镜、9cm 平皿、载玻片等。

三、实验步骤

（1）按实验 1 的方法制作牛蛙血涂片，自然晾干。
（2）涂片置 9cm 平皿中用 70% 乙醇密闭固定 10min，甩去乙醇后晾干。
（3）滴加甲基绿-派洛宁染液于血膜上或将标本片插在盛有甲基绿-派洛宁染液的载玻片染色盒中，室温静置染色 15min。

（4）蒸馏水冲洗除浮液。

（5）95% 乙醇溶液分色（分色：除去过染的颜色，使染色层次分明）。

（6）晾干，显微观察。核中 DNA 被甲基绿染成绿色，核仁和细胞质 RNA（主要在粗面内质网）被派洛宁染成红色。

四、注意问题

（1）注意甲基绿 - 派洛宁染色时的 pH。过酸甲基绿染色效果差，过碱则派洛宁染色不好。

（2）注意分色程度。避免分色过度褪去应有的颜色。分色过程应在显微镜监测下进行，一旦层次出现，就应立即用水冲掉 95% 乙醇。

五、作业与思考题

（1）70% 乙醇固定时为什么要放在密闭容器里？

（2）如何掌握分色程度？

六、参考文献

胡敏，肖纯. 2005. 显示细胞 DNA 和 RNA 的甲基绿 - 派洛宁技术的改进［J］. 江西中医学院学报，1：66-67.

辛华. 2004. 细胞生物学实验［M］. 北京：科学出版社.

七、拓展实验

分别用 0.1% RNA 酶 37℃处理血涂片 15min 和 5% 三氯乙酸 90℃处理材料 15min，然后与正常标本一起用本实验所提供的方法进行实验。

实验 7　考马斯亮蓝染色法显示洋葱鳞茎内表皮及小鼠巨噬细胞的细胞骨架

细胞骨架（cytoskeleton）是细胞内以蛋白纤维为主要成分的网络结构。广义的细胞骨架包括细胞核骨架、细胞质骨架、细胞膜骨架和细胞外基质，狭义的细胞骨架是指细胞质骨架，包括微管（microtubule，MT）、微丝（microfilament，MF）和中间纤维（intermediated filament，IF）。

微管是细胞内由微管蛋白形成的直径为 20～26nm 的长度不一的小管。分布在核周围，呈放射状向细胞质四周扩散，主要起固定细胞器位置的作用和作为膜泡运输的导管。微管蛋白有 α 和 β 两种。αβ 异二聚体沿纵向聚合成丝，原丝呈环状排列形成微管的壁。

微丝为真核细胞内主要由肌动蛋白（actin）组成的直径为 5～7nm 的骨架纤丝。主要分布在细胞质膜的内侧，作用是确定细胞表面特征，并与细胞运动、收缩、内吞等功能有关。脊椎动物肌动蛋白分为 α、β 和 γ 三种类型，不同种类细胞中肌动蛋白组成不同。肌动蛋白单体为球形，依次连接成链，两串肌动蛋白链互相缠绕扭曲成一股微丝。

中间纤维是直径介于微丝和微管之间（7～11nm）、由多种不同蛋白质组成的细胞骨架成分。在细胞中围绕着细胞核分布，成束成网，并扩展到细胞质膜，与质膜骨架相连接。主要起机械支撑和加固作用。组成中间纤维的蛋白有角蛋白、波形蛋白、结蛋白、核纤层蛋白等。不同组织来源的细胞，组成其中间纤维的蛋白种类可能不同。

细胞骨架在细胞形态维持、细胞运动、物质运输、能量转换、信息传递、细胞分裂等一系列方面均有重要作用，所以，对于细胞骨架的研究是近代细胞生物学最活跃的领域之一。研究意义主要有：①了解细胞骨架与细胞各种功能行使之间的关系。②了解一些理化因素是否通过影响细胞骨架对细胞功能产生影响，以便趋利避害。③鉴定发育中的细胞及肿瘤的来源。

显示细胞骨架的常用方法有三种：考马斯亮蓝染色法、免疫荧光染色法和鬼笔环肽标记法。

考马斯亮蓝染色法是用蛋白染料考马斯亮蓝对骨架蛋白进行的染色显示，具有成本低、可用普通光学显微镜观察结果的优点；但不能区分骨架蛋白的组成，并且因染色前要用去污剂破坏细胞膜及其他非骨架蛋白，使骨架结构缺少周围支撑而易断裂、破坏，难以观测到完整结构。该法目前在科研论文中已鲜见使用，但还可以用于大致观察骨架形态的教学实验中。

免疫荧光染色法是用荧光素标记抗体显示细胞特定骨架成分的方法。具体方法有两种：直接免疫荧光法和间接免疫荧光法。直接法荧光素标记在抗骨架蛋白的抗体（一抗）上，直接用其和固定、透膜处理过的细胞标本反应即可显示细胞特定细胞骨架成分；间接法荧光素标记在抗骨架蛋白抗体的抗体（二抗）上，需要先用未标记的抗骨架蛋白抗体反应，再用荧光素标记二抗反应，相对于直接法敏感性更高。免疫荧光法可特异显示各种骨架蛋白，并且因反应前细胞只是经过固定透膜处理而无需完全破坏去除细胞膜及其他非骨架成分，容易维持骨架形态的完整性，相对于真实地反映骨架的自然状态。因此，该法是显示细胞骨架的可靠方法，也是科学研究中显示细胞骨架的主流方法。但因反应时需要价格昂贵的抗体，观察时需要荧光显微镜而使其用于学生实验有时会受到限制。

鬼笔环肽是一种菌类中提取的剧毒生物碱，在纳克（ng）级水平就可与肌动蛋白结合，能特异显示微丝，并且灵敏度极高。常用荧光素标记鬼笔环肽显示细胞微丝。

一、实验原理

用去垢剂 Triton X-100 处理细胞，可以溶解膜脂，并与大部分非骨架蛋白疏水区结合而将其溶解掉，剩下细胞骨架系统的蛋白不被溶解，然后用蛋白染料考马斯亮蓝染色即可显示骨架结构。

二、实验材料、试剂及用品

1. 材料

（1）洋葱。

（2）小鼠。提前 2 天腹腔注射淀粉肉汤。

（3）鸡血。制成 5% 红细胞悬液。

2. 试剂

（1）M-缓冲液。咪唑 60mmol/L，KCl 50mmol/L，$MgCl_2$ 0.5mmol/L，乙二醇二乙醚二胺四乙酸（EGTA）1mmol/L，乙二胺四乙酸（EDTA）0.1mmol/L，巯基乙醇 1mmol/L， pH7.2。

配法：800mL 水中，加咪唑 3.404g，KCl 3.728g，$MgCl_2$ 0.102g，EGTA 0.203g，EDTA 0.0372g，搅拌溶解，加巯基乙醇 71μL，用 1mol/L 盐酸调 pH 至 7.2，再补水至 1000mL。

（2）6mmol/L PBS，pH6.8。

A 液：0.2mol/L NaH_2PO_4。

B 液：0.2mol/L Na_2HPO_4。

C 液：A 液 15.3mL＋B 液 14.7mL＋NaCl 8.6g 加水至 1000mL，C 液即 6mmol/L PBS（pH6.8）。

（3）1% Triton X-100 溶液。用 M-缓冲液配制。

（4）3.0% 戊二醛。用 M-缓冲液配制。

（5）0.2% 考马斯亮蓝 R250 染液。考马斯亮蓝 R250 0.2g，乙醇 50mL，冰醋酸 7mL，加蒸馏水至 100mL。

（6）0.9% NaCl（生理盐水）。

3．用品

普通光学显微镜、荧光显微镜、恒温水浴锅（37℃）、小剪刀、镊子、5mL 一次性塑料注射器、胶头吸管、1.5mL EP 管、1.5mL 试管架等。

三、实验步骤

1．考马斯亮蓝染色法显示洋葱鳞茎内表皮细胞骨架

（1）材料准备。撕取洋葱鳞茎内表皮，裁成大小约 0.5cm×0.5cm 的小片。

（2）PBS 平衡。放入盛有 1mL 6mmol/L PBS（pH6.8）的 EP 管（或小烧杯）中，静置使材料下沉（完全浸透）；然后用胶头吸管吸弃液体。

（3）Triton X-100 处理。加 1mL 1% Triton X-100 溶液处理 20min，然后用胶头吸管吸弃液体。

（4）洗涤。用 M-缓冲液洗涤 3 次。每次加 1.5mL 溶液浸泡 5min，然后用胶头吸管吸弃液体。

（5）固定。加 1mL 3.0% 戊二醛固定 30min，然后用胶头吸管吸弃液体。

（6）洗涤。用 PBS 洗涤 3 次。每次浸泡 5min，然后用胶头吸管吸弃液体。

（7）染色。加 0.5～1mL 0.2% 考马斯亮蓝 R250 染液染色 10min。

（8）洗涤。用蒸馏水洗涤数遍。

（9）制备装片。在载玻片中央加 1 滴水，用镊子夹取样品在其中展开，然后加盖玻片。

（10）显微观察。在普通光学显微镜下，洋葱细胞骨架为布满细胞的蓝色细网状结构。

对照样品：①省去步骤（3），不用 Triton X-100 处理；②省去步骤（4），用 Triton X-100 处理后不用 M-缓冲液洗涤。

2．考马斯亮蓝染色法显示小鼠腹腔巨噬细胞吞噬鸡红细胞前后细胞骨架分布的变化

（1）巨噬细胞准备。脱颈（颈椎脱臼法）处死小鼠。处理 1：直接抽取腹腔液。处理 2：向腹腔注射 2mL 5% 鸡红细胞悬液，30min 后，抽取腹腔液。

腹腔液抽取方法：沿腹部中线剪开皮肤并向两边撕开，暴露腹膜；用带针头的注射器扎进腹腔，从空隙处抽取小鼠腹腔液，去掉针头注入聚丙烯试管。操作细节见"视频2　小鼠腹腔注射与腹腔液的抽取"。

（2）制备细胞涂片。滴加2～3滴腹腔液于载玻片中央。

（3）细胞黏附。置4℃冰箱中黏附30min。

（4）洗涤除未黏附细胞。用带针头注射器冲洗。

（5）Triton X-100处理。载玻片置9cm平皿中，滴加1% Triton X-100溶液覆盖样品，加盖，室温放置20min。

（6）洗涤。在9cm平皿中，用M-缓冲液浸洗3次，每次5min。

（7）固定。在染色缸中，用3.0%戊二醛固定30min。

（8）洗涤。在9cm平皿中，用PBS浸洗3次，每次5min。

（9）染色。在染色缸中，用0.2%考马斯亮蓝R250染液染色10min。

（10）洗涤。用蒸馏水洗涤数遍。

（11）显微观察。在普通光学显微镜下，观察骨架分布。

四、注意问题

（1）防止洋葱鳞茎内表皮标本卷曲、折叠。

（2）Triton X-100处理及处理完冲洗应充分，否则胞内会存在膜泡状结构及其他杂蛋白，干扰骨架染色及观察。

（3）Triton X-100处理洋葱鳞茎内表皮后各步操作应轻柔，避免容器剧烈震荡及吸管吹打过猛引起骨架蛋白束断裂。

（4）向小鼠腹腔注射鸡红细胞悬液时避免注入皮下或将针头插进小鼠内脏。进针部位宜选在下腹部距离生殖器约1cm处腹中线两侧，针头与皮肤保持30°～40°角，针头进入皮肤约1cm；可用一只手的拇指和食指将下腹部皮肤及腹膜夹起，然后将针头插入空腔。

五、作业与思考题

（1）比较用与不用1% Triton X-100处理洋葱鳞茎内表皮及处理后洗涤与否的实验结果。

（2）比较巨噬细胞吞噬鸡红细胞前后的骨架分布。

（3）查阅资料说明M-缓冲液中咪唑、$MgCl_2$、EGTA、EDTA、巯基乙醇或二硫苏糖醇（DTT）在稳定细胞骨架中的作用。

（4）设计检测微丝的间接免疫荧光法实验流程。

六、参考文献

刘刚，王冬梅. 2006. 细胞骨架在植物抗病中的作用［J］. 细胞生物学杂志，28：437-441.

王莹，王翔，李遥金，等. 2010. 基于免疫荧光法对人工红细胞膜骨架蛋白spectrin的定位分析［J］. 中国细胞生物学学报，32（3）：429-432.

薛军. 2002. 细胞骨架在临床疾病中的研究进展［J］. 医学信息，15（3）：192-194.

薛雅蓉，张晶，华子春. 2012. 实用细胞生物学实验［M］. 北京：科学出版社.

实验8　酸性磷酸酶法显示巨噬细胞溶酶体

酸性磷酸酶（acid phosphatase）是动物细胞溶酶体的一种标志酶，也是植物细胞液泡中的一种水解酶。与动物细胞的溶酶体发挥水解功能及植物的磷代谢有关。

一、实验原理

酸性磷酸酶是细胞溶酶体的标志性酶，其能分解磷酸脂（常用 β-甘油磷酸钠）而释放出磷酸基。在 pH5.0 的环境中，磷酸基能与铅盐（硝酸铅，捕捉剂）反应形成无色的磷酸铅（微细沉淀，可在电镜下观察），再经过与硫化铵作用，形成棕黑色的硫化铅沉淀（可在光镜下观察），以此显示酸性磷酸酶在细胞内的存在与分布。

二、实验材料、试剂及用品

1. 材料

6～8 周龄小鼠。处理1：小鼠实验前2天，腹腔注射 4% 淀粉肉汤 1mL 诱导及活化巨噬细胞。处理2：小鼠实验前2天，腹腔注射生理盐水 1mL。活小鼠腹腔注射方法见"视频2　小鼠腹腔注射与腹腔液的抽取"。

2. 试剂

（1）4% 淀粉肉汤。牛肉膏 0.3g，蛋白胨 1.0g，NaCl 0.5g，可溶性淀粉 4g，蒸馏水 100mL，高压蒸汽灭菌 20min，保存于 4℃冰箱。

（2）10% 中性福尔马林（pH6.8～7.1）。配制方法见附录一。

（3）0.2mol/L 乙酸缓冲液（pH4.6）。0.2mol/L 乙酸 25.5mL，0.2mol/L 乙酸钠 24.5mL。

（4）酸性磷酸酶作用液。蒸馏水 90mL，0.2mol/L 乙酸缓冲液（pH4.6）12mL，5% 硝酸铅 2mL，3.2% β-甘油磷酸钠 4mL。配制方法：先将蒸馏水和乙酸缓冲液混合，随后分成大致相等的2份，其中1份中加硝酸铅溶液混匀，另1份加甘油磷酸钠溶液混匀；然后再将其中1份溶液缓缓加入另1份溶液，且边加边用玻棒搅匀。若 pH 不到 5.0，可加少量乙酸调整。注意：配好后的作用液应透明无絮状悬浮物和沉淀；最好在临用前配制，不能贮存。

（5）1%～2% 的硫化铵溶液。

3. 用品

恒温水浴锅（50℃，37℃）、低温冰箱、普通光学显微镜、小剪刀、5mL 一次性注射器、10mL 玻璃离心管、试管架、胶头吸管、载玻片染色盒（缸）、5 片装玻璃染色缸、载玻片。

三、实验步骤

（1）收集巨噬细胞。小鼠腹腔注射生理盐水 1mL，3min 后抽取腹腔液。抽取腹腔液方法见"视频2　小鼠腹腔注射与腹腔液的抽取"。

（2）细胞黏附及酶灭活。每人3片，标示1、2、3。在1和2中央位置滴加处理 1 小鼠腹腔液 2～3 滴，在 3 中央位置滴加处理 2 小鼠腹腔液 2～3 滴；将 1 和 3 置 4℃冰箱黏附 30min，将 2 置湿盒（铺有数层湿纱布的不锈钢饭盒）内，于 50℃恒温水浴锅或恒温箱内反应 30min，灭活酸性磷酸酶。

（3）洗涤除去未黏附细胞。用胶头吸管吸取生理盐水冲洗除去未黏附物。

（4）固定。将载玻片插入预先放在 4℃冰箱的、盛有 10% 中性福尔马林的染色缸或载玻片染色盒内 4℃固定 30min。

（5）洗涤。取出载玻片，用清水冲去固定液，再在 9cm 平皿中用清水浸泡 5min；将水甩干。

（6）加酸性磷酸酶作用液反应。加足量预热至 37℃的酸性磷酸酶作用液，使其完全覆盖样品并超出样品范围；然后将载玻片置湿盒（铺有数层湿纱布的不锈钢饭盒）内，放入 37℃恒温水浴锅或恒温箱中反应 30min。

（7）用自来水漂洗冲去酸性磷酸酶作用液。

（8）加硫化铵反应。通风橱中，滴加 1%～2% 硫化铵溶液反应，时间不少于 10min。

（9）自来水冲洗除硫化铵。通风橱中进行。

（10）加盖玻片镜检。在样品处滴加 1 小滴水，加盖玻片用普通光学显微镜观察。阳性标本细胞质中，出现许多棕色或棕黑色的颗粒和斑块。

四、注意问题

（1）巨噬细胞一定要预先用淀粉肉汤激活，否则酸性磷酸酶活性差，染色浅。

（2）作用液应在临用时现配，贮存一段时间后会产生絮状沉淀，影响反应效果。

（3）孵育时间过长也可发生酶扩散。

（4）避免酸性磷酸酶作用液在反应过程中干燥，否则其中的铅离子可与随后加入的硫化铵作用形成胞外沉淀影响结果观察。

五、作业与思考题

（1）观察比较注射淀粉肉汤的小鼠腹腔巨噬细胞样品中，直接放于 4℃黏附的正常标本与 50℃高温处理进行酶灭活的对照标本的酸性磷酸酶显示结果。

（2）比较预先注射或不注射淀粉肉汤的小鼠巨噬细胞酸性磷酸酶的分布与活性差异并分析原因。

六、参考文献

黄宇，张海伟，徐芳森. 2008. 植物酸性磷酸酶的研究进展［J］. 华中农业大学学报，27（1）：148-154.

辛华. 2010. 现代细胞生物学技术［M］. 北京：科学出版社.

翟中和，王习忠，丁明孝. 2014. 细胞生物学［M］. 4 版. 北京：高等教育出版社.

实验 9　细胞中过氧化物酶体的显示

生物体内存在超氧化物歧化酶（superoxide dismutase，SOD）、过氧化氢酶（catalase，

CAT)、过氧化物酶（peroxidase，POD）等酶类组成的保护酶系统，这些酶广泛参与机体的生理过程，在维持自由基平衡，保护机体免受损伤方面起着重要作用。CAT 是保护酶系统中重要的保护酶之一，是细胞过氧化物酶体的标志性酶，可以催化分解 H_2O_2，保护生物体组织免受其毒害。

一、实验原理

过氧化氢酶可分解 H_2O_2 产生氧，后者将联苯胺氧化为蓝色的联苯胺蓝，联苯胺蓝很不稳定，可自然转变为棕色化合物，从而显示出细胞内过氧化氢酶的存在和分布。

二、实验材料、试剂及用品

1. 材料
小鼠、马铃薯、绿豆芽。
2. 试剂
（1）3% 过氧化氢。市售过氧化氢（30%），用水稀释成 3%（V/V）溶液。
（2）0.5% 硫酸铜溶液。称取硫酸铜 0.5g，溶于 100mL 蒸馏水中，再加 3% 的过氧化氢溶液 2 滴。
（3）联苯胺混合液。0.2g 联苯胺研磨溶于 100mL 蒸馏水中，过滤，然后于滤液中滴加 3% 过氧化氢 2 滴，贮存于棕色瓶中。
3. 用品
染色缸、刀片、胶头吸管、载玻片及盖玻片等。

三、实验步骤

1. 小鼠骨髓细胞过氧化氢酶显示
（1）制备细胞涂片，晾干。
（2）向细胞样品上滴加 0.5% 硫酸铜溶液，固定 30s。
（3）取出涂片直接转入盛有联苯胺混合液的染色缸中处理 3min。
（4）清水冲洗，晾干。
（5）显微观察。光镜下可见细胞中存在一些被染成蓝色或棕色的颗粒，便是过氧化氢酶存在的部位。
2. 植物组织细胞过氧化氢酶显示
（1）制备马铃薯或绿豆芽徒手切片，平铺于载玻片上，晾干。
（2）后面操作同上。

四、注意问题

植物标本注意取材。

五、作业与思考题

（1）过氧化物酶为细胞过氧化物酶体的标志性酶，约占细胞过氧化物酶体总量的

40%。这是否意味着只有过氧化物酶体含有该酶？

（2）如何用简单的检测方法从几个供试材料中选择过氧化氢酶含量高的材料用于实验？

六、参考文献

辛华. 2010. 现代细胞生物学技术［M］. 北京：科学出版社.

翟中和，王习忠，丁明孝. 2014. 细胞生物学［M］. 4 版. 北京：高等教育出版社.

实验 10　酶免疫细胞化学法显示人 T 细胞表面 CD3 分子

一、实验原理

人外周血中有 T 淋巴细胞，其表面区别于其他种类细胞的标记分子为 CD3。先用鼠抗人 CD3（一抗）与其特异结合，再用生物素标记的羊抗小鼠 IgG 与一抗结合，接着，利用生物素和亲和素的高亲和力，用链霉亲和素 - 过氧化物酶与细胞膜表面的抗原 - 抗体 - 生物素复合物反应，最终在 T 细胞表面 CD3 所在部位形成"CD3- 抗 CD3 一抗 - 生物素标记二抗 - 辣根过氧化物酶标记亲和素"复合物，加酶的底物显色后则在原位形成红色沉淀，即可显示 CD3 的分布情况。

二、实验材料、试剂及用品

1. 材料

人血。

2. 试剂

（1）肝素钠生理盐水液。180IU/mL。

（2）0.01mol/L 的 pH7.4 PBS。配制方法见附录一。

（3）丙酮。

（4）3% 的 H_2O_2。用去离子水配制。

（5）正常山羊血清。

（6）鼠抗人 T 细胞 CD3 单抗。

（7）生物素化羊抗小鼠 IgG。

（8）链霉亲和素 - 过氧化物酶。

（9）3- 氨基 -9- 乙基卡唑（3-amino-9-ethylcarbozole，AEC）显色试剂盒。

3. 用品

免疫组化防脱载玻片、离心机、冰箱等。

三、实验步骤

（1）采血。肝素抗凝采集人静脉血 3mL。

（2）洗涤细胞。用 PBS 洗涤细胞 2 次，每次 1500r/min 离心 5min 弃上清。最后用相当于细胞沉淀体积的 PBS 重悬细胞。

（3）制备细胞涂片。按照实验 1 的方法制备小鼠血细胞涂片。自然干燥。

（4）细胞固定。用 4℃预冷的丙酮置 4℃冰箱固定 10min。

（5）PBS 洗涤。PBS 浸洗 3 次，每次 5min。

（6）H_2O_2 处理。用 3% 的 H_2O_2 孵育 10～15min，以消除内源性过氧化物酶活性。

（7）封闭。加山羊血清，室温 5min 封闭非特异结合位点。

（8）加鼠抗人 CD3 反应。加液覆盖，置湿盒（铺有数层湿纱布的不锈钢饭盒）内，37℃温育 1～1.5h 或 4℃过夜。

（9）洗涤去游离一抗。PBS 浸洗 3 次，每次 5min。

（10）加生物素化羊抗小鼠 IgG（二抗）反应。置湿盒，室温或 37℃孵育 10～15min（4℃ 30min）。

（11）洗涤去游离二抗。PBS 浸洗 3 次，每次 5min。

（12）加链霉亲和素 - 过氧化物酶溶液反应。置湿盒内，37℃温育 15min。

（13）PBS 洗涤。PBS 浸洗 3 次，每次 5min。

（14）加酶底物显色。加新鲜配制（30min 内）的 AEC，室温避光显色 5～10min（必要时可延长）至细胞膜出现明显红色。

四、注意问题

（1）细胞制片前要用 PBS 洗涤。

（2）室温或 37℃反应时标本要置湿盒内。

（3）显色过程一定要在显微镜下观察，控制背景。

五、参考文献

曹雪涛，熊思东，姚智. 2013. 医学免疫学［M］. 6 版. 北京：人民卫生出版社.

章金春，武建国，李芳秋. 2001. 双重酶免疫组化法识别淋巴细胞亚群中穿孔素的分布［J］. 医学研究生学报，14（10）：440.

实验 11　细胞大小的显微测量

细胞长度、面积、体积的测量是描述细胞形态的基础，一般用显微测微计进行测量后经计算确定。

一、实验原理

在显微镜下用来测量细胞长度的工具叫显微测微计，由目镜测微计（尺）（ocular micrometer）和镜台测微计（尺）（stage micrometer）组成。

目镜测微计是放在目镜内的一个直径 2cm 的圆形玻片，其上有 100 等分格的刻度尺，每一小格表示的实际长度随不同的显微镜、不同放大倍数的物镜而不同；镜台测微计是一块特制的载玻片，在它中央由一片圆形盖片封固着一个具有精细刻度的标尺，标尺全长为 1mm，分为 100 等份的小格，每小格的长度为 0.01mm（10μm），标尺的外围有一小黑环，便于找到标尺的位置。显微测量时，先用镜台测微计标定目镜测微计每小格所表示的实际长度。在测量细胞时，移去镜台测微计，换上被测标本，用目镜测微计即可测得观察标本的实际长度。

二、实验材料、试剂及用品

1. 材料
牛蛙血。
2. 用品
普通光学显微镜、目镜测微计、镜台测微计、载玻片等。

三、实验步骤

1. 牛蛙血涂片制备
方法见实验 1。
2. 目镜测微计的标定
（1）放置目镜测微计。取出目镜，旋开接目透镜，将目镜测微计放入目镜内的视场光阑上（有刻度一面向下），然后旋上接目透镜，插入镜筒。
（2）放置镜台测微计。将镜台测微计放在载物台上，刻度朝上。
（3）校准目镜测微计的长度（调焦→重合→数格→计算）。①先用低倍物镜观察，调节焦距，至看清镜台测微计的刻度。②移动镜台测微计和转动目镜测微计，使两者"0"刻度重叠。③向右寻找第二个重叠的刻度。④数出两条重合线之间的格数。⑤用同样的方法分别测出用高倍物镜和油镜观察时目镜测微计每格的相对长度。⑥计算目镜测微计每格的长度。

目镜测微计每格长度（μm）＝两个重叠刻度间镜台测微计的格数 ×10μm

3. 测量细胞大小
程序：拿掉镜台测微计→放样→调焦→测量→计算。
4. 清洁镜台测微计
镜台测微计刻度是用加拿大树胶和圆形盖玻片封合的。当去除香柏油时，不宜用过多的二甲苯，以免使盖玻片下的树胶溶解。

四、注意问题

每个标本至少测 5 个视野，每个视野测 5 个细胞，用平均数代表细胞的大小范围。

五、作业与思考题

（1）测量牛蛙血红细胞的长短轴范围。
（2）如何计算圆球形细胞、椭球形细胞的体积及核质比？

六、参考文献

安利国. 2005. 细胞生物学实验教程［M］. 北京：科学出版社.
王金发. 2004. 细胞生物学实验教程［M］. 2 版. 北京：科学出版社.

第二节　细 胞 计 数

细胞计数是了解体内细胞数量及体外培养细胞、进行相关研究的基础工作。体内细胞如血细胞数量变化与机体功能状态关系密切，人医临床经常需要对其检测；体外进行细胞培养时，为了有利于细胞生长，一般需要将细胞调整为合适的浓度；体外用细胞进行研究时，为了使细胞数量更适宜于理想结果的得出，以及保持不同标本及处理细胞数量的一致性，也需要对细胞计数后调整为合适的浓度。

常规利用血细胞计数板进行手动细胞计数，目前市场上也有一些在售的自动细胞计数仪可用于自动细胞计数，如 Invitrogen 的 Countess™ Ⅱ 和 Countess™Ⅱ FL 全自动细胞计数仪。手动计数的优点是，观察者可根据经验在混合细胞中区分目标细胞和其他细胞，缺点是费时、计数误差大。自动计数仪可通过细胞亮度、大小和圆度对细胞进行设定和统计，减少了操作人员的主观判断错误，并且计数快速而精准；但也存在不能准确圈定目标细胞的问题。实践中可以根据细胞纯度情况和实验室条件选择使用不同的计数方法。

实验 12　常规血细胞计数板计数

一、实验原理

计数室容积一定，只要将稀释后的待测细胞标本均匀悬液加入计数室中并在显微镜下计数就可算出单位体积内的细胞总数目。

二、实验材料、试剂及用品

1. 材料
1000 倍稀释的抗凝绵羊血，分装成 5 管，每管 1mL。
2. 试剂
0.9% NaCl 溶液。
3. 用品
血细胞计数板、细口胶头吸管、酒精棉球、计数用盖玻片、质量较好的吸水纸等。

三、实验步骤

1. 流程
清洁血细胞计数板及盖玻片→镜检计数室→稀释细胞样品（根据情况）→加样→计数→计算细胞浓度→清洗血细胞计数板。
2. 操作
方法见"视频 3　单个核细胞分离与细胞计数"。

（1）清洁计数板及盖玻片。计数板和盖玻片先用流水冲洗，然后用药棉蘸取 75%（或 95%）乙醇擦洗后，自然晾干或用质量较好的吸水纸吸干水分。

（2）镜检计数室。先在 10× 物镜下调好焦距，将计数室正中由双线围成的大方格（内有双线围成的 4×4 或 5×5 中方格）移到视野中央，观察计数室是否干净，线条是否清晰。若不干净，需重新清洁。

（3）稀释细胞样品。混匀样品，制备普通装片，置显微镜下观察，大致检查细胞浓度是否适宜计数。若密度过大，需加液稀释。

（4）加样。先将盖玻片盖在计数室上，用吸管或 10μL 微量加样器吸取少许混匀的细胞悬液，使带有液滴的吸管口或微量加样器枪头接触盖玻片沿计数板中间平台靠外侧的边缘，让悬液通过毛细作用渗入计数室；等待 2min，使细胞全部沉降到计数室底部。

（5）计数。①找计数室。先在 10× 物镜下调好焦距并找到计数板上的中间大方格，移至视野中央。适当缩小光圈、降低聚光器使视野变暗，便于观察计数板上的线。②转高倍镜。物镜转至 40×，适当调节光度，使细胞和计数室线条均清晰为止。③选区及计数。细胞较稀少时，计数四角大方格内的细胞总数；细胞密度较大时，对于 16×25 计数板，计数中间大方格内对角线位上的 4 个中格（即 100 个小格）计数；25×16 计数板，计数中间大方格内 4 个角和中央的一个中格（即 80 个小方格）。

（6）计算原始细胞样品密度。

计大格的计算公式：

$$细胞密度（个/mL）=4 大格内细胞总数 /4×10^4× 稀释倍数$$

16×25 计数板计算公式：

$$细胞密度（个/mL）=4 中格内细胞个数之和 /4×16×10^4× 稀释倍数$$

25×16 计数板计算公式：

$$细胞密度（个/mL）=5 中格内细胞个数之和 /5×25×10^4× 稀释倍数$$

四、注意问题

（1）用等渗液稀释细胞。

（2）加样量要准确。

五、作业与思考题

（1）计数并计算所给细胞样品的浓度（个/mL）。

（2）说明用血细胞计数板计数时，哪些步骤易造成误差？如何尽量降低误差？

六、参考文献

薛庆善. 2001. 体外培养的原理与技术 [M]. 北京：科学出版社.

Alaribe FN. 2014. Cell counting: How reliable (are these methods?) [J]. Advances in Biomedical Studies, 1 (2): 35-40.

第三节 细 胞 生 理

细胞具有多种生理活动，包括与外界的物质、能量及信息交换，以及代谢、运动、增殖、分化、衰老、发育等。研究细胞的生理活动对于了解细胞意义重大。

实验 13 哺乳动物红细胞膜的通透性检测

细胞质膜对细胞的生命活动起保护作用，为细胞的生命活动提供相对稳定的环境。细胞质膜最基本的性质是具有半透性，不允许细胞内外的分子和离子自由出入，可选择性地进行物质跨膜运输、调节内外物质和离子的平衡及渗透压平衡。

多种因素如衰老、病毒侵袭、重金属、辐射、超声波等环境污染，细胞不良代谢物（如超氧阴离子）、化学固定剂处理等可致细胞膜通透性改变，继而影响到细胞的功能状态。

一、实验原理

红细胞膜为选择性通透性膜，容许某些分子进出细胞，若进入细胞的液体多于出细胞的液体，就会造成红细胞胀大，体积增加 67% 时红细胞膜破裂、溶血（胀破，血红蛋白释放到介质中）；而当出细胞的液体多于进入细胞的液体时则会引起红细胞皱缩。

根据红细胞在不同溶液中的表现可以判断溶液的穿膜速度。

二、实验材料、试剂及用品

1. 材料

抗凝绵羊血。

2. 试剂

（1）不同浓度的 NaCl 溶液。0.15mol/L、0.5mol/L 及 0.065mol/L 的 NaCl 溶液。

（2）0.8mol/L 甲醇、0.8mol/L 乙醇、0.8mol/L 正丁醇、0.8mol/L 乙二醇、0.8mol/L 丙二醇、0.8mol/L 甘油。

（3）生理盐水。

3. 用品

10mL 低速离心机、普通光学显微镜、10mL 刻度试管、试管架、胶头吸管、载玻片及盖玻片等。

三、实验步骤

（1）血细胞样品的准备。取 1 支 10mL 的刻度离心管，加入 5mL 血液，1000r/min 离心 5min，弃上清；再向细胞沉淀加 5mL 生理盐水重悬细胞，1000r/min 离心 5min，弃上清；视细胞沉淀体积，加等体积生理盐水重悬细胞，使成 50% 的细胞悬液。

（2）检测不同溶液对细胞的影响。取 12 支 10mL 刻度试管，分别加入不同浓度的 NaCl 溶液及相同浓度、不同种类的醇溶液 1.5mL，然后加入 1 滴红细胞悬液，摇匀、肉眼观察，并记录观察到的现象及溶血时间。

（3）制片并显微观察各 NaCl 组红细胞形态的变化。

四、注意问题

（1）统一溶血现象判断标准。
（2）准确计时。

五、作业与思考题

描述各种溶液引起的红细胞悬液及红细胞的变化，解释引起变化的原因。

六、参考文献

王金发. 2007. 细胞生物学［M］. 北京：科学出版社.
薛雅蓉，张晶，华子春. 2012. 实用细胞生物学实验［M］. 北京：科学出版社.

七、拓展实验

先制备 10% 中性福尔马林固定液固定过的红细胞悬液，然后进行相关实验。

（1）固定细胞制备方法。离心 50% 细胞悬液，向沉淀中加入 5mL 10% 中性福尔马林（配制方法见附录一），室温固定 30min；1000r/min 离心 8min，弃上清；重新用原体积的生理盐水悬浮红细胞。

（2）固定前后红细胞在不同溶液中的表现检查。按表 1-1 进行实验及观察记录。固定及未固定的红细胞进行如下实验，肉眼观察细胞悬液浑浊情况、滴片显微观察红细胞形态并解释原因。

表 1-1 细胞膜透性拓展实验设计

处理	细胞悬液透明度	细胞形态
1.5mL 0.15mol/L NaCl 溶液＋1 滴未固定细胞		
1.5mL 0.065mol/L NaCl 溶液＋1 滴未固定细胞		
1.5mL 0.2% Triton X-100 溶液（生理盐水配制）＋1 滴未固定细胞		
1.5mL 0.065mol/L NaCl 溶液＋1 滴固定细胞		
1.5mL 0.2% Triton X-100 溶液（生理盐水配制）＋1 滴固定细胞		

实验 14 植物细胞质壁分离现象观察及质壁分离法测定基态渗透值

植物活细胞的细胞膜具有选择通透性，将植物细胞置于高渗透压溶液（渗透压大于细胞内液）中时，胞内水分渗出，引起原生质体收缩。而与此同时，由于细胞壁的全透性及相对刚性，形态变化不大。导致的结果是，细胞发生质壁分离。

渗透势是指由于细胞内溶质颗粒的存在而使水势下降的数值，纯水的渗透势为零，溶液的渗透势为负值。植物细胞的渗透势是植物的一个重要生理指标，对于植物的水分代谢、生长及抗性都具有重要的意义。常用于测定植物细胞与组织渗透势的方法有质壁分离法、冰点降低法、蒸汽压降低法等。质壁分离法无需仪器、操作简单。

一、实验原理

植物细胞壁相对具有刚性而细胞膜具有一定的弹性，因此，植物细胞在高渗液中一段时间后，细胞内水分外渗而致细胞原生质体体积缩小、细胞膜内缩，同时细胞壁基本保持原有体积不变，因此造成原来紧贴细胞壁的细胞膜与细胞壁分离，称为质壁分离。

质壁分离能够发生的外界条件是外界溶液的浓度大于细胞液的浓度。因此通过具有一系列浓度梯度的溶液依次做质壁分离实验，观察植物细胞发生质壁分离的临界浓度，即可测得细胞液的浓度。植物的基态渗透值与细胞的等渗浓度线性相关，根据公式可算出基态渗透值。

二、实验材料、试剂及用品

1. 材料

紫皮洋葱、鸭跖草。

2. 试剂

1mol/L 蔗糖溶液。

3. 用品

普通光学显微镜、10mL 刻度试管、6cm 平皿等。

三、实验步骤

（1）稀释蔗糖溶液。将 1mol/L 蔗糖溶液分别稀释成浓度为 0.3mol/L、0.35mol/L、0.40mol/L、0.45mol/L、0.5mol/L、0.55mol/L、0.6mol/L、0.65mol/L、0.75mol/L 各 5mL，分别倒入 6cm 平皿中。

（2）制备表皮并浸泡处理。制备大小约 0.5cm×0.5cm 的紫皮洋葱内表皮或鸭跖草上表皮，分别放入上述溶液中，每皿放 4～5 片，浸泡 10min。

（3）观察统计质壁分离情况。每次取出一张叶片放在加有一滴相同浓度蔗糖溶液的载玻片上展开，加盖玻片，显微观察并统计质壁分离细胞百分率。每片观察细胞不应少于 100 个，观察要迅速。

（4）以引起 50% 细胞发生初始质壁分离（即原生质体刚从细胞壁的角隅处发生分离）的溶液浓度作为细胞液的浓度。如果在两个相邻浓度的装片中，一个没有达到 50%，另一个超过 50%，可用两浓度的平均值作为其等渗浓度的粗略值，也可用插值法准确测定其等渗浓度。

（5）根据下面公式计算细胞液的渗透值。

$$\Psi s = -ICRT$$

式中，Ψs 为溶液的渗透值；I 为溶液的等渗系数，蔗糖为 1，$CaCl_2$ 为 2.6，$NaCl$ 为 1.8；

C 为溶液的质量摩尔浓度；R 为气体常数，即 0.008 314；T 为绝对温度，即（273+t）（K）（t 为实际测量当时室温，以摄氏温度表示）。

四、注意问题

（1）取材：实验用紫皮洋葱最易于观察质壁分离，其他材料如紫鸭跖草、红甘蓝也可代替。

（2）观察时要在载玻片上滴一滴同浓度的蔗糖溶液。

五、作业与思考题

测定并计算洋葱鳞茎内表皮细胞液的浓度及渗透势。

六、参考文献

张治安，陈展宇. 2008. 植物生理学实验技术［M］. 长春：吉林大学出版社.

实验 15　小鼠腹腔巨噬细胞吞噬现象观察及吞噬活性检测

吞噬作用也称为胞吃作用（cellular eating），是细胞通过质膜内陷形成内吞泡的方式吞入不能渗透过膜的较大固体物质（直径一般大于 250nm）的过程。许多原生动物通过吞噬作用摄取营养；高等动物体内的巨噬细胞和中性粒细胞的吞噬作用成为动物体非特异性免疫的重要组成部分。不同动物来源的巨噬细胞或同一动物来源的不同巨噬细胞吞噬功能强弱不同，个体吞噬细胞的平均吞噬能力是机体非特异性免疫功能强弱的重要反映。

一、实验原理

吞噬细胞的细胞膜上有识别某些病原体相关分子及凋亡细胞磷脂酰丝氨酸等配体的受体，可借此识别表面有相应配体的细胞或其他颗粒，引起受体胞内区活化，进而导致与其相连的细胞骨架重排引发吞噬作用。

鸡红细胞和大肠杆菌对小鼠巨噬细胞而言分别为异种动物细胞和病原体，可被其吞噬。由于鸡红细胞较大且有核，其被巨噬细胞吞噬后的现象易于观察，常用于吞噬现象观察的实验及形态学检测巨噬细胞功能的研究。吞噬功能一般用吞噬百分率和吞噬指数两个指标反映。

吞噬百分率=吞噬有鸡红细胞的巨噬细胞数 / 巨噬细胞总数 ×100%

吞噬指数=吞噬的鸡红细胞总数 / 吞噬有鸡红细胞的巨噬细胞数

二、实验材料、试剂及用品

1. 材料

（1）健康小鼠。6～8 周龄健康小鼠，实验前 1～2 天，每只腹腔注射 4% 淀粉肉汤 1mL。活小鼠腹腔注射方法详见"视频 2　小鼠腹腔注射与腹腔液的抽取"。

（2）抗凝鸡血。

（3）培养过夜的大肠杆菌 DH5α 菌液。

2. 试剂

（1）4% 淀粉肉汤。牛肉膏 0.3g，蛋白胨 1.0g，NaCl 0.5g，可溶性淀粉 4g，蒸馏水 100mL，高压蒸汽灭菌 20min，保存于 4℃冰箱。

（2）D-Hanks 液。配制方法见附录一。

（3）180IU/mL 肝素钠生理盐水溶液。

（4）0.067mol/L 的 PBS（pH6.8）。配制方法见附录一。

（5）甲醇。

（6）吉姆萨染液贮存液。配制方法见附录一。

（7）吉姆萨染液应用液。将贮存液用 0.067mol/L 的 PBS 进行 1∶20 稀释。

（8）0.2% 的亚甲蓝生理盐水染液。

3. 用品

普通光学显微镜、10mL 低速离心机、托盘天平、恒温水浴锅（37℃）、5mL 一次性注射器、10mL 玻璃离心管、10mL 聚丙烯试管、试管架、胶头吸管、载玻片染色盒等。

三、实验步骤

（1）配制 5%（V/V）鸡红细胞。肝素抗凝采集鸡静脉血 2mL，用 D-Hanks 液洗 2 次，第一次 1000r/min 离心 5min 弃上清，第二次 2000r/min 离心 10min，弃上清，按压积红细胞体积用 D-Hanks 液调成 5%（V/V）的混悬液。

（2）大肠杆菌 DH5α 菌液准备。培养过夜的大肠杆菌 DH5α 菌液，用 D-Hanks 液洗 2 次，每次 4000r/min 离心 8min 弃上清，最后用原液 2 倍体积的 D-Hanks 液重悬细胞。

（3）巨噬细胞收集。脱颈（颈椎脱臼法）处死小鼠，随即向腹腔注入 2mL D-Hanks 液，揉匀。3min 后沿腹部中线剪开皮肤并向两边撕开，暴露腹膜，然后用带针头的注射器扎进腹腔，从空隙处抽取小鼠腹腔液，去掉针头将腹腔液注入聚丙烯试管。操作细节见"视频 2 小鼠腹腔注射与腹腔液的抽取"。

（4）体外吞噬。取 2 支聚丙烯试管，各加入适量腹腔液，再分别向其中加入等体积步骤（1）和（2）准备的鸡红细胞悬液和大肠杆菌细胞悬液，混匀，然后将试管放在 37℃恒温水浴锅中。

（5）制备装片并观察。分别在混合后的 0min、15min、30min、45min 制备细胞悬液装片，观察现象并作图。

（6）细胞悬液染色观察。取吞噬 45min 的细胞混合液少量，加入等体积 0.2% 的亚甲蓝生理盐水染液，混匀，静置染色 10～15min，对细胞核进行染色后观察吞噬情况。

（7）涂片染色。①取吞噬 45min 的巨噬细胞和鸡红细胞混合液 0.2～0.3mL 滴于载玻片中央，将载玻片放入自制湿盒（铺有数层湿滤纸的 9cm 平皿、铺有数层湿纱布的不锈钢饭盒或其他可保持湿度又传热较快的封闭容器），置 37℃恒温箱温育 30min 使巨噬细胞黏附。②用带针头的注射器吸取 5mL PBS 冲洗除去未黏附的细胞及腹腔液。③甲醇固定黏附细胞 3min。④吉姆萨染液染色 20min。⑤流水冲去浮液，晾干。

（8）显微观察并统计吞噬率和吞噬指数。

染色后可以看到，巨噬细胞的核远大于红细胞核并且染色较淡，常被吞入的鸡红细胞覆盖而不易看清全貌；鸡红细胞的核较小而被深染、清晰可见。一个核代表一个细胞，可通过计数核的方式计数吞入的鸡红细胞数。

计数 100 个巨噬细胞，按下面公式计算吞噬百分率和吞噬指数：

$$吞噬百分率 = 吞噬有鸡红细胞的巨噬细胞数 / 巨噬细胞总数 \times 100\%$$
$$吞噬指数 = 吞噬的鸡红细胞总数 / 吞噬有鸡红细胞的巨噬细胞数$$

四、注意问题

（1）向小鼠腹腔注射 D-Hanks 液时避免注入皮下或将针头插进小鼠内脏。进针部位宜选在下腹部距离生殖器约 1cm 处腹中线两侧，针头与皮肤保持 30°～45° 角，针头进入皮肤约 1cm；可用一只手的拇指和食指将下腹部皮肤及腹膜夹起，然后将针头插入空腔。

（2）涂片染色法检测吞噬百分率和吞噬指数时吞噬时间长短应适宜。过短，鸡红细胞尚未被吞入；过长，吞入的鸡红细胞已被消化。一般时间控制在 45～90min。

（3）细胞黏附过程应防止液体干掉；黏附完要将未黏附细胞冲洗干净。

（4）甲醇固定细胞时间不应超过 5min，否则会引起细胞皱缩。

（5）吉姆萨染液染色时避免在样品处形成氧化膜。可采取正面朝下的扣染方法或用载玻片染色盒染色。扣染的具体操作如下：在平皿或托盘中将牙签摆放成平行的两行，将染色体制片的细胞面朝下架在牙签上，向载玻片下加染液进行染色。染色结束后不能先倒掉染液，应直接用流水冲洗除去多余染液。

五、作业与思考题

（1）画图显示巨噬细胞吞噬鸡红细胞过程的各个阶段。

（2）计数并计算所用实验小鼠腹腔巨噬细胞的吞噬百分率与吞噬指数。

（3）为什么用聚丙烯试管装腹腔液及进行体外吞噬实验？

（4）如不预先洗涤鸡红细胞会影响实验结果吗？为什么？

六、参考文献

李煜，齐丽娟，迈一冰，等 . 2012. 比较流式细胞术和鸡红细胞法检测小鼠腹腔巨噬细胞吞噬功能［J］. 毒理学杂志，26（2）：133-135.

汤城，薛雅蓉，余飞，等 . 2005. 一种检测巨噬细胞吞噬鸡红细胞活性新方法的建立［J］. 畜牧与兽医，11：47-49.

实验 16　台盼蓝染料排除法检测活细胞比率

检测细胞悬液中活细胞比率可以了解某些细胞实验材料能否应用于试验研究及一些理化因素是否引起活细胞发生死亡变化。例如，一般用于研究的细胞材料常要求其活细胞比率达到 95% 以上。一般用染料排除试验（dye exclusion test）检测活细胞比率。检测原理是：活细胞完整质膜对某些染料分子如普通染料台盼蓝（trypan blue）和荧光染料碘化丙啶（propidium iodide，PI）等具有不可逾越的屏障作用，可将这类染料排斥在细胞外；死细胞受损质膜却允许这类染料进入细胞。

台盼蓝染料排除法是最常用的细胞活力检测方法，染色结果可通过普通光学显微镜检查。如用荧光染料碘化丙啶染色，则需要荧光显微镜观察或用流式细胞仪分析。

一、实验原理

活细胞的细胞膜完整，不允许台盼蓝等水溶性染料进入细胞内；死细胞膜的完整性受到破坏，允许这些染料进入细胞，据此可用台盼蓝等染料染色鉴定细胞死活。

二、实验材料、试剂及用品

1. 材料

待测细胞：研磨组织产生的细胞、抗癌物质处理过的癌细胞或沸水处理 5min 的细胞。

2. 试剂

0.4% 的台盼蓝生理盐水溶液（配制方法见附录一）。

3. 用品

1.5mL 塑料离心管。

三、实验步骤

（1）待检细胞悬液与等体积的台盼蓝染液混合染色 3～5min。

（2）制备细胞悬液装片，显微观察死活细胞染色情况。死细胞染成蓝色，灰暗、体积大；活细胞不着色、亮、体积小。

（3）用血细胞计数板对细胞悬液中的活细胞和死细胞分别计数，然后计算活细胞比率。

$$活细胞比率＝活细胞数／（活细胞数＋死细胞数）×100\%$$

四、注意问题

（1）台盼蓝染料对细胞有一定的毒性，染色时间不可过长，否则会导致死细胞比率增大。如果同时检测多个细胞样品，应逐一加染液染色、计数，而不应一次对多个细胞样品同时染色。否则，过晚检查的细胞样品，其测出的细胞存活率会比实际低。

（2）检验成活率时要尽可能快，以免计数板上的细胞脱水而死。

五、作业与思考题

除了台盼蓝染液，还有哪些染液可用于动植物细胞死活鉴定？

六、参考文献

王金发. 2007. 细胞生物学［M］. 北京：科学出版社.

薛庆善. 2001. 体外培养的原理与技术［M］. 北京：科学出版社.

Louis KS, Siegel AC. 2011. Cell viability analysis using trypan blue: manual and automated methods [J]. Methods in Molecular Biology, 740: 7.

Luttmann W，Bratke K，Kupper M，et al．2007．实验者系列：免疫学［M］．沈倍奋，译．北京：科学出版社．

第四节 细 胞 分 裂

细胞分裂（cell division）是细胞增殖的方式。制备良好的细胞分裂染色体标本是进行动植物细胞遗传学研究及临床医学遗传性疾病分析的基础。

用于制备有丝分裂标本的常用材料有：高等植物的根尖、高等动物的骨髓及培养的血细胞。用于制备减数分裂标本的常用材料有：植物花药及动物精巢。

制备方法可以归纳为三大类：压片法、滴片法和去壁低渗法。

压片法主要用于细胞分裂旺盛的组织材料。先对组织进行一定的处理，使组织细胞易于分散，然后通过压片使细胞分散成单层，以观察细胞染色体。这种方法简单快速，但染色体往往分散不好。

滴片法主要用于单细胞悬液。用低渗液使细胞胀大，染色体分散，然后将细胞悬液滴在带水的玻片上使细胞瞬间破裂，染色体从细胞中出来，原位沉积在载玻片上。如果固定、低渗、滴片各步处理方法得当，制备的标本染色体分散良好，形态正常，是分析染色体的理想标本。

去壁低渗法用于制备分散良好的植物组织细胞染色体标本。先用酶解离植物组织，使细胞间质及细胞壁破坏，形成原生质体悬液，再用滴片法制备分散良好的染色体标本。

实验 17 压片法制备植物细胞分裂标本片及分裂各期细胞特征观察

一、实验原理

盐酸处理植物组织可破坏细胞壁间果胶质，使细胞容易分散；再用碱性染料使细胞核及染色体着色，压片使细胞成单层后就可清晰地观察到细胞分裂各期细胞及其中的染色体。

二、实验材料、试剂及用品

1．材料

洋葱、蚕豆。

2．试剂

（1）卡诺氏固定液。乙醇：冰醋酸＝3：1（V/V）。

（2）70% 乙醇。

（3）解离液为 10%（V/V）盐酸。

（4）醋酸洋红染液。配制方法见附录一。

3. 用品

普通光学显微镜、刀片、镊子、恒温水浴锅、小烧杯等。

三、实验步骤

1. 准备根尖材料

（1）洋葱根的培养。从根基处切掉洋葱根的死毛，然后将洋葱底部朝下放在一盛满水的水杯上，使根部刚刚浸入水中。每天换水1次，待长到0.5～1cm长时将根剪下。

（2）蚕豆生根。选择饱满、大小均匀的蚕豆种子，置于蒸馏水中浸泡1昼夜，使其吸胀；然后将吸胀的蚕豆平铺于带水的纱布上，上面加盖湿纱布，室温或23℃恒温培养；12h换水1次，待根长至0.5～1cm长时用刀片切取根。

（3）根的固定及保存。用卡诺氏固定液固定24h，置70%乙醇中于4℃冰箱保存备用。

2. 根尖预处理

（1）水洗除固定液。将根放在试管或小烧杯中，加满水，放置2min倒掉，重复3次。

（2）酸解。用2mL 10%盐酸室温水解15～20min。

（3）水洗除盐酸。方法同"水洗除固定液"。

3. 制作压片

方法见"视频4 压片法制备植物细胞分裂标本片"。

（1）将洋葱根尖置于载玻片上，用刀片分别切除根冠和延长区，留下乳白色生长区。

（2）滴加2滴醋酸洋红染液于根尖生长区上。

（3）用刀片将根尖随意切成小块，染色3～5min。

（4）将盖玻片轻轻覆盖在材料上（避免气泡），左手拇指按住盖玻片一角，然后用镊子后端在组织块所在部位上方轻轻敲打盖玻片，使组织分散成雾状。

（5）覆盖吸水纸用大拇指反复按压盖玻片，使细胞分散成单层。

4. 观察

间期细胞：细胞核圆形、小，染色均匀。

前期细胞：细胞核变大，出现凝集、深染的染色体线，互相缠绕成乱麻状。

中期细胞：形态清晰的染色体排列在细胞中间赤道板上。

后期细胞：染色体分开成两组，臂弯曲，朝向赤道板。

末期细胞：一个细胞中出现两个长方形的核，核中未完全解聚的染色体互相缠绕成乱麻状。

四、注意问题

（1）取材合适。

（2）水洗充分。尤其酸解后的水洗，一定要将酸洗干净，否则会导致背景着色，染色体不易观察。

（3）酸解程度适宜。酸解不够，组织偏脆，不易压片，强行压开后细胞容易破坏；酸解过度，根组织松烂，难以夹起且同样会破坏细胞。

（4）压片方法得当：切碎、敲打、直压。

五、作业与思考题

画图显示观察到的洋葱根尖各期核的特征。

六、参考文献

杨晓杰，李娜，白羽佳，等．2017．制作根尖有丝分裂压片实验方法的改进［J］．生物学通报，52（9）：46-47.

赵惠玲，王青．2001．改良植物根尖压片法观察染色体［J］．太原师范专科学校学报，3：26-27.

实验 18　滴片法制备动物细胞分裂标本片及细胞分裂指数分析

滴片法是截至目前制备分散良好的细胞分裂染色体标本片的唯一方法。

常规制备人类或大动物染色体标本片的材料为培养的血细胞，常规制备小动物如小鼠染色体标本的材料为骨髓细胞。如用于学习制片方法，也可用快速增殖的肿瘤细胞如小鼠腹水瘤细胞作为材料进行实验。

一、实验原理

处于分裂期的细胞先经低渗处理和固定后再滴于带水的玻片上时细胞会在瞬间胀破，细胞核及染色体从细胞中出来而分布于载玻片上。

二、实验材料、试剂及用品

1. 材料

（1）正常小鼠。

（2）提前 7 天接瘤的荷腹水瘤小鼠。接瘤方法见附录二。

2. 试剂

（1）2% 柠檬酸钠。

（2）0.9% NaCl 溶液。

（3）0.075mol/L KCl 溶液。

（4）甲醇：冰醋酸＝3：1（V/V）。现配。

（5）甲醇：冰醋酸＝1：1（V/V）。现配。

（6）0.067mol/L 的 PBS。配制方法见附录一。

（7）吉姆萨染液贮存液。配制方法见附录一。

（8）吉姆萨染液应用液。用 0.067mol/L 的 PBS 缓冲液将吉姆萨染液贮存液稀释 20 倍。应实验时现稀释。

3. 用品

10mL 低速离心机、普通光学显微镜、10mL 一次性塑料注射器、托盘天平（用于平衡离心管用）、10mL 尖底离心管、40mL 小烧杯（用于平衡离心管用）、胶头吸管、6cm 平皿、尖头镊子、剪刀（普通剪刀、眼科剪）、载玻片（冰水中预冷）、载玻片染色盒（缸）、10mL 一次性注射器及针头、一次性乳胶手套、酒精棉球、10mL 离心管、EP 管等。

三、实验步骤

1. 细胞准备

（1）小鼠骨髓细胞的收集。①脱颈处死小鼠，取长骨。②剔除骨上所附肌肉及其他组织。③剪开骨头两端。④用带针头的注射器吸取 5mL 生理盐水，针头插入一端骨髓腔，将腔中细胞从另一端冲出，冲到小烧杯或小平皿中，再用胶头吸管转入离心管中。

（2）腹水瘤细胞收集。方法见附录二。每人 0.5mL。

（3）小鼠精巢细胞准备。①取睾丸并清洗。睾丸为白色肾形，用 2% 柠檬酸钠溶液清洗。②挑出曲细精管并剪碎。用一支尖头镊子压住精巢，用另一支尖头镊子的镊尖挑出曲细精管；吸弃带有其他杂物的脏液，用眼科剪将曲细精管充分剪碎。③游离并收集细胞。用胶头吸管反复吸打剪碎的曲细精管，游离管腔中细胞；静置沉淀膜管状杂质，将上清转入离心管中（内含精巢细胞）。

2. 染色体标本制备

（1）离心收集细胞。1500r/min 离心 5min，弃上清。

（2）低渗处理。加 5mL 0.075mol/L 的 KCl，轻轻吹打混匀，室温静置 10min。

（3）预固定及固定细胞。用甲醇∶冰醋酸（3∶1）固定。①预固定。直接向低渗液中的细胞悬液加入 1mL 甲醇∶冰醋酸（3∶1），轻轻吹打混匀，静置 2min 预固定；1500r/min 离心 8min，弃上清，留细胞沉淀。②固定。向细胞沉淀中加入 8mL 甲醇∶冰醋酸（3∶1），吹打混匀，静置 10min 固定细胞；1500r/min 离心 8min 弃上清。

（4）再固定细胞。加 5mL 甲醇∶冰醋酸（1∶1），吹打混匀，静置 5min。

（5）离心除固定液。1500r/min 离心 8min，弃上清。

（6）滴片。加适量甲醇∶冰醋酸（1∶1）悬浮细胞，轻轻混匀，将细胞悬液滴加在刚从冰水中捞出的湿载玻片上，自然干燥。

（7）染色。用 1∶20 稀释的吉姆萨染液染色 20～30min。可采用扣染方法或在载玻片染色盒中染色。染色结束后，先将容器放在自来水龙头下用细流水冲洗掉大部分染液，再拿起标本小心冲洗去除遗留的染液，吸水纸吸干或自然晾干。

3. 结果观察与分析

细胞分裂指数是指细胞群体中分裂细胞占总细胞的百分比。观察统计各期细胞数量，即可计算出细胞分裂指数。各期细胞特征如下所示。

间期细胞：核小、圆，核染色均匀。

前期细胞：核大，核内出现凝集、深染的染色质或互相缠绕的染色体线。

中期及后期细胞：染色体互相独立存在。

末期细胞：核不及间期圆，核质不均匀。

四、注意问题

（1）低渗时间太长低渗过度，使细胞在低渗液中胀破，染色体遗失；低渗时间太短低渗不足，染色体分散不好。可根据不同的细胞，适当调整低渗时间，达到预期目的。

（2）避免细胞滴片前提前破裂。低渗后操作动作要轻柔。

（3）滴片时载玻片上一定要有水。

（4）注意吉姆萨染液染色的方法及洗涤方法，防止形成氧化膜。措施包括：扣染或在载玻片染色盒中染色，染色结束不要倒掉染液，直接用水冲洗。

五、作业与思考题

（1）绘制有丝分裂中期及减数分裂中期Ⅰ和中期Ⅱ的染色体图，说明其中染色单体的组成情况。

（2）制备植物细胞分散良好的染色体标本片的方法与滴片法制备动物细胞染色体标本片有何异同？

六、参考文献

林颖，姜芬. 2002. 动物细胞染色体制备实验的改进 [J]. 福建医科大学学报，36（2）：228-229.

穆灵敏，邢智峰，张楠，等. 2005. 大体积培养人外周血淋巴细胞制备染色体标本 [J]. 新乡医学院学报，22（3）：228-230.

乔守怡. 2008. 遗传学分析实验教程 [M]. 北京：高等教育出版社.

周华山，陈强，赵明，等. 2013. 几种实验小鼠骨髓染色体和中国仓鼠不同组织同工酶分析 [J]. 中国老年学杂志，33（9）：2070-2073.

第五节 细胞裂解及效果检测

细胞裂解是检测及分离细胞成分的必经过程。遵循原则：既能破碎细胞，又能避免蛋白质变性。细胞裂解方法分物理法和化学法两大类。物理法常用的有研磨、超声波、冻融及渗透裂解法等，化学法主要用去垢剂和酶裂解细胞。哺乳动物细胞常用裂解方法为去污剂法。

一般将细胞悬浮在细胞裂解缓冲液（或称破碎缓冲液）中进行裂解。裂解缓冲液一般具备如下特点：①适宜的离子强度和pH。一般为 0.1～0.2mol/L，pH7.0～8.0 的 PBS 缓冲液或 Tris 缓冲液。②含不同种类的蛋白酶抑制剂，如叠氮化钠、苯甲基磺酰氟（PMSF）、抑肽酶（aprotinin）、亮抑蛋白酶肽（亮抑酶肽，leupeptin）、乙二胺四乙酸（EDTA）、二异丙基氟代磷酸酯（DFP），抑制蛋白酶对蛋白质的降解。③含一种或几种不同类型的去污剂，如十二烷基磺酸钠（SDS）、Nonidet P-40（NP-40）、Triton X-100、脱氧胆酸（deoxycholate）等，作用是裂解细胞、溶解蛋白质。

细胞常用裂解缓冲液有碧云天生物技术研究所生产的 RIPA 等各种细胞裂解液、三去污裂解剂等。不同裂解剂的主要区别在于含有的去污剂及蛋白酶抑制剂种类和含量不同、对细胞的裂解强度不同、对提取细胞不同部位蛋白的效果不同，在应用时可根据实验目的加以选择。

细胞的裂解效果可通过涂片染色、测定细胞质特征酶活性等方法进行检测。

实验 19 小鼠腹水瘤细胞裂解及乳酸脱氢酶活性检测

一、实验原理

反复冻融、超声及去污剂处理细胞均可导致细胞裂解，但不同方法及具体应用条件不同所产生的细胞裂解效果不同，对胞内蛋白质活性的影响也不同。细胞裂解效果可通过形态及胞内标志蛋白活性反映。

乳酸脱氢酶（lactate dehydrogenase，LDH）稳定存在于几乎所有细胞的细胞质内，为细胞质标志酶。细胞膜破坏后，LDH 即被释放到细胞外。定量检测细胞悬液离心后上清液中的乳酸脱氢酶活性即可反映细胞膜破碎的程度及实验方案对细胞质蛋白质活性的影响。LDH 检测原理：LDH 催化底物形成可与显色剂反应生成有色化合物的产物，通过比色可显示酶活。

二、实验材料、试剂及用品

1. 材料
接瘤 7 天的荷腹水瘤小鼠。接瘤方法见附录二。
2. 试剂
（1）0.01mol/L pH7.2 PBS。配制方法见附录一。
（2）RIPA 裂解液（强）。碧云天产品。
（3）1% Triton X-100 溶液。用 PBS 配制。
（4）乳酸脱氢酶（LDH）测试盒。南京建成生物工程研究所产品。
3. 用品
普通台式离心机、−20℃低温冰箱、超声细胞破碎仪、10mL 刻度离心管、胶头吸管、CO_2 培养箱、96 孔板离心机、96 孔板、100μL 移液枪及对应枪头等。

三、实验步骤

1. 准备腹水瘤细胞
实验当时采集，方法见附录二。最后用 PBS 将细胞浓度调整为 1.0×10^5 个 /mL。
2. 细胞裂解
（1）冻融。将 0.5mL 细胞悬液加在 1.5mL EP 管中，EP 管在 −20℃低温冰箱及 37℃水浴中反复冻融 5 次。
（2）去污剂处理细胞。取 6 支 EP 管，标记为 1～6 号；各加入 0.5mL 细胞悬液；1500r/min 离心 8min，弃上清；然后给 1、2 号管加入 0.5mL 的生理盐水，3、4 号管加入

0.5mL RIPA 裂解液，5、6 号管加入 0.5mL 1% Triton X-100 溶液；混匀，4℃静置 30min。

（3）离心收集上清。12 000r/min 离心 5min，小心转移上清到干净的 EP 管中。

3．LDH 活性测定

（1）在 96 孔细胞培养板内进行如下反应。① 20μL 待测标本＋25μL 基质缓冲液＋5μL 辅酶Ⅰ，37℃温育 15min。②加入 2,4- 二硝基苯肼 25μL，37℃温育 15min。③加入 0.4mol/L 氢氧化钠 250μL，室温作用 5min。

（2）测定光密度值。用酶标仪在 450nm 波长处测定 OD。

四、注意问题

（1）裂解样品的所有步骤都需在冰上或 4℃进行。

（2）实验时戴一次性手套操作。

（3）死细胞同样释放 LDH，因此，实验时应设置合适的对照。

五、参考文献

刘胜，应敏刚，龚福生，等．2008．热休克肿瘤细胞抗原负载的树突状细胞对结肠癌小鼠的治疗作用［J］．中国癌症杂志，18（1）：35-38．

J. 萨姆布鲁克，E. F. 弗里奇，T. 曼尼阿蒂斯．1993．分子克隆实验指南［M］．2版．金冬雁，黎孟枫，等，译．北京：科学出版社：870-873．

Luttmann W，Bratke K，Kupper M，et al．2007．实验者系列：免疫学［M］．沈倍奋，译．北京：科学出版社．

第六节　细胞器的分离

细胞器包括细胞核、线粒体、叶绿体、内质网、高尔基体、溶酶体、微体等。分离细胞组分是研究其功能的前提。

细胞器分离的一般做法是：首先用各种方法将组织制成匀浆，使细胞破碎，细胞中的各种亚细胞组分从细胞中释放出来；然后利用不同细胞器密度的差异通过差速离心或密度梯度离心将其分级分离（fractionation）。

差速离心法（differential centrifugation）是指在均匀介质中由低速到高速离心逐渐沉降细胞器的方法。先低速离心使较大的颗粒沉淀，再用较高的转速将上清液中的小颗粒沉淀下来。依次增加离心力和离心时间，就能够使这些颗粒按其大小、轻重分批沉降在离心管底部，从而分批收集。细胞器中最先沉淀的是细胞核，其次是线粒体，再次是更轻的细胞器和大分子。由于样品中各种大小和密度不同的颗粒在离心前均匀分布于整个离心介质中，很难一次得到纯的颗粒，需经反复悬浮和离心分离。

密度梯度离心法（density gradient centrifugation）是将细胞匀浆加在具有密度梯度的介质上而非均匀介质中离心分离的方法。在离心管中，介质密度的分布从下至上逐渐降低，离心后不同密度的细胞器分布于不同密度的介质层中。

理想的梯度介质应具备的特点是：有黏性，容易维持溶液梯度；成分是惰性的，不与生物颗粒发生反应；不进入细胞，无毒；易从梯度介质中分离出样品；价廉易购等。蔗糖是密度梯度离心中最常用的梯度溶质，其特性比较符合梯度介质的要求。其他梯度介质，如甘油和聚蔗糖（Ficoll）的黏度太高、扩散较慢；CsCl 溶液离子强度高，易破坏生物样品；硅溶胶在高离子浓度下易形成沉淀，故较少有人使用。

细胞器分离常用的悬浮介质为蔗糖缓冲液，原因是它比较接近细胞质的分散相，能在一定程度上保持细胞器的结构和酶的活性，在 pH7.2 的条件下，亚细胞组分不易重新聚集，有利于分离。

分级分离得到的组分，可通过形态学、细胞化学和生化方法进行鉴定。

实验 20　植物细胞叶绿体的分离

一、实验原理

叶绿体主要存在于绿色植物叶片的叶肉细胞内，研磨叶片可使细胞破裂，叶绿体从中释放出来；由于完整叶绿体密度与细胞核、未破碎细胞、破碎叶绿体等细胞组分的比重和大小都不相同，可利用差速离心或密度梯度离心的方法将其与细胞其他组分分开。

二、实验材料、试剂及用品

1. 材料

新采集的多叶绿色蔬菜，放入 4℃冰箱预冷，时间不短于 1h。最好在晴天上午 10 时左右选取生长正常的菠菜或青菜叶。如仅仅用于以形态观察方法检验制备效果的学生实验，也可直接在菜场购买青菜，并无需预冷。

2. 试剂

（1）0.4mol/L 蔗糖。仅用于以形态观察方法检验制备效果的学生实验。

（2）叶绿体制备液。0.33mol/L 山梨醇，50mmol/L Tris·HCl（或 Tricine）pH7.6，5mmol/L $MgCl_2$，10mmol/L NaCl，2mmol/L EDTA，2mmol/L 异抗坏血酸钠的分离介质。配法：量取约 800mL 蒸馏水，加 60g 山梨醇，6.06g Tris，1.0g $MgCl_2$·$6H_2O$，0.6g NaCl，0.77g EDTA-Na_2，0.4g 异抗坏血酸钠，搅拌使溶解，用 1mol/L HCl 调 pH 至 7.6，补加蒸馏水至 1000mL。

3. 用品

10mL 低速离心机、玻璃研磨器、托盘天平、研钵、40mL 小烧杯、纱布、离心管、载玻片及盖玻片等。

三、实验步骤

（1）洗涤、去叶脉。用蒸馏水洗去表面浮尘，然后用吸水纸擦干水分或用制备液淋洗一遍；用剪刀剪去柄及粗的叶脉。

（2）研磨匀浆。称 2g 叶子在玻璃研钵中剪碎，先加 1～2mL 制备液，快速研磨 30s～1min 使成匀浆，然后再加 8mL 制备液，混匀。

（3）过滤。把匀浆液倒在4～6层纱布上过滤入小烧杯。

（4）离心去完整细胞、细胞核等。滤液转入10mL离心管，约500r/min离心2min，上清转入另一离心管。

（5）离心收集叶绿体。上清液在2600r/min离心5min，沉淀即叶绿体。

（6）悬浮叶绿体。沉淀中加入适量制备液，用吸管吹打，使其悬浮、混匀。

（7）镜检分离效果。40×物镜下观察叶绿体形态，判断纯度。

四、注意问题

（1）低温分离以保持叶绿体蛋白活性。分离器皿及材料都须在4℃冰箱预冷，操作尽量在0～4℃条件下进行。如仅通过显微镜观察完整叶绿体比例显示结果，可在室温下实验。

（2）分离液渗透压及pH。叶绿体的被膜比较脆弱，分离叶绿体应在等渗或高渗的缓冲溶液中进行。

（3）研磨力度及方法。用力不能过猛，且不要在同一位置反复研磨，可通过中途制备研磨液装片显微监测研磨效果，大部分叶绿体从细胞中出来即可。

（4）通过实时显微监测分步离心后各部分的组成，根据需要调整离心速度和时间。

（5）操作尽量快速。叶绿体活力会随着离体时间延长而不断下降。

五、作业与思考题

（1）制备研磨后悬液、第一次离心重悬液及第二次离心重悬液装片，观察每种悬液中完整细胞、叶绿体、类囊体的组成。

（2）总结叶绿体分离的注意事项，谈谈自己的体会。

六、参考文献

王秀玲，彭清才．2010．叶绿体荧光观察方法的探讨［J］．实验室科学，13（4）：76-78.

张年辉．2010．优化的蔗糖密度梯度离心法分离完整叶绿体［J］．实验技术与管理，27（7）：44-46.

实验 21 动物细胞线粒体的分离

线粒体（mitochondria）是真核细胞中产生能量的重要细胞器。细胞中的能源物质——脂肪、糖、部分氨基酸在此进行最终的氧化，并通过偶联磷酸化生成ATP，供给细胞生理活动之需。对线粒体结构与功能的研究通常是在离体的线粒体上进行的，分离的线粒体可以被用于线粒体酶活性、细胞凋亡、信号传递、能量代谢、蛋白组学和病理生理学等方面的研究。

从任何组织或细胞分离线粒体的技术方法基本上采用：第一，通过机械或化学方法破裂细胞；第二，通过低速差速离心去除残渣碎屑和巨大细胞器；第三，通过高速差速离心获得线粒体；第四，通过等密度离心（isodensity centrifugation）获得纯度更高的线粒体。

分离得到的线粒体可通过检测其活性和膜完整性反映分离效果。线粒体活性的常规检测包括：柠檬酸合成酶（citrate synthase，CS）活性测定、氧化磷酸化效率测定等；线粒体内外膜完整性的测定方法是：细胞色素氧化酶（cytochrome oxidase，CCO）活性测定和荧光 JC 染色。

一、实验原理

线粒体普遍存在于动植物细胞等真核细胞内。在正常的细胞中，一般在需要能量较多的部位比较密集；细胞新陈代谢越旺盛的部位，线粒体的含量就越多。动物肝细胞和植物叶肉细胞中都富含线粒体。将组织匀浆后，利用线粒体和其他细胞组分的密度差别可通过差速离心或密度梯度离心将线粒体从细胞组分中分离出来。

二、实验材料、试剂及用品

1. 材料

新鲜小鼠肝脏。

2. 试剂

（1）0.25mol/L 蔗糖 -0.01mol/L Tris·HCl 缓冲液（pH7.4）。0.1mol/L Tris 10mL，0.1mol/L HCl 8.4mL，加双蒸水到 100mL，再加蔗糖使浓度为 0.25mol/L。

（2）1% 詹纳斯绿 B 染液。称取 50mg 詹纳斯绿 B 溶于 5mL 生理盐水中，稍微加热使之溶解，普通滤纸过滤除去未溶颗粒，滤液即为 1% 染液。

3. 用品

解剖刀（剪）、天平、冷冻高速离心机、玻璃匀浆器、200 目滤网、40mL 小烧杯、纱布、刻度离心管、普通光学显微镜、电镜等。

三、实验步骤

（1）取材及清洗。实验前将小鼠空腹 12h，实验时颈椎脱臼法处死小鼠，剖腹取肝，迅速用生理盐水洗净血水，用滤纸将水吸干。

（2）制备肝匀浆。称取肝组织 1g，剪碎；用预冷的 0.25mol/L 蔗糖溶液洗涤数次，然后按每克肝组织分数次添加 9mL 预冷的 0.25mol/L 蔗糖溶液，边加边在 0～4℃冰浴中用玻璃匀浆器将肝制成匀浆，过 200 目滤网或双层纱布，滤液转入离心管中。

（3）差速离心分离线粒体。①将匀浆液先在 1000g 离心 10min，沉淀细胞核及质膜碎片。②上清液转入另一离心管，7000g 离心 15min，沉淀部分为线粒体粗制品。

（4）线粒体的洗涤纯化。用 10mL 预冷的 0.25mol/L 蔗糖溶液重复洗涤沉淀 2 次，每次 7000g 离心 10min。黄褐色的线粒体即沉淀于管底。

（5）分离物鉴定。首先，进行线粒体形态鉴定。取线粒体沉淀滴在载玻片上，勿太密。滴加 1% 詹纳斯绿 B 染液染色，15min 后盖片镜检。线粒体呈蓝绿色，小棒状或哑铃状。其次，进行线粒体完整性检验。①制备超薄切片电镜观察。②用线粒体特异荧光探针检测膜电位。JC-1 是一种广泛用于检测线粒体膜电位（mitochondrial membrane potential）$\Delta \Psi m$ 的理想荧光探针，可以检测细胞、组织或纯化的线粒体的膜电位。在线粒体膜电位较高时，JC-1 聚集在线粒体的基质（matrix）中，形成聚合物（J-aggregates），可以产生红色荧光；在线粒体膜电位较低时，JC-1 不能聚集在线粒体的基质中，此时 JC-1 为单体（monomer），可以产生绿色荧光。这样就可以非常方便地通过荧光颜色的转变来检测线粒体膜电位的变化。常用红绿荧光的相对比例来衡量线粒体去极化的比例。③测定线粒体标志酶细胞色素氧化酶或苹果酸脱氢酶活性。

四、注意问题

（1）最好用新鲜肝脏，0～4℃冰箱保存肝组织 4h 后线粒体结构基本消失。

（2）低温（0～4℃）操作，整个分离过程也不宜太久，避免组分生理活性的下降及消失。

（3）理想的匀浆及化学裂解程度是有约 80% 的细胞裂解。化学裂解法通常孵育5min。难以用酶裂解的细胞通常采用物理匀浆的方法。物理匀浆前应先充分剪碎肝组织，缩短匀浆时间。

（4）如果需要计量线粒体，稀释后应在数分钟内完成，否则线粒体将解体。如果想要长时间地观察或用于电子显微镜制样，可沿试管壁用吸管缓慢加入 2.5% Tris-磷酸戊二醛溶液固定线粒体（一般固定 2min 即可）。

五、作业与思考题

查阅资料学习线粒体标志酶细胞色素氧化酶或苹果酸脱氢酶活性的测定方法。

六、参考文献

崔泳，王金生，张文海，等. 2000. 冷保存鼠肝脏肝细胞线粒体的分离［J］. 中国医科大学学报，29（4）：312.

Celis JE. 2008. 细胞生物学实验手册 2（导读版）［M］. 北京：科学出版社.

第七节　细 胞 融 合

细胞融合（cell fusion）又称细胞杂交（cell hybridization），是指两个或两个以上的细胞合并成一个细胞的现象。有些自然界存在的细胞能够自然融合，如精卵结合、骨骼肌细胞形成、巨噬细胞相互融合等；但大多数细胞需要在一定条件下人工诱导才能融合。

人工诱导细胞融合主要用于植物育种、产生杂交瘤细胞生产单克隆抗体及细胞遗传改造。诱导方法主要有三种：①病毒诱导。如仙台病毒（Sendai virus），主要用于动物细胞融合。原理是，病毒破坏细胞膜引起细胞膜穿通。优点是融合率高；缺点是病毒制备过程烦琐，融合效果不稳定。②电融合。用电融合仪诱导融合，主要用于植物细胞。原理是高压电导致细胞膜产生可恢复的穿孔。③聚乙二醇（polyethylene glycol，PEG）诱导。用于诱导植物原生质体融合和多种动物细胞融合。优点是试剂易得、操作方法简单、效果稳定。

实验 22 PEG 介导的细胞融合实验

一、实验原理

一定浓度（一般 50%～55%）的 PEG 可减少细胞间的游离水，使细胞相互靠近；并可逆性地破坏细胞膜的磷脂双分子层，临时改变膜结构，使细胞相互接触处容易融合在一起。

二、实验材料、试剂及用品

1. 材料

（1）2% 鸡红细胞悬液。肝素抗凝采集鸡翅下静脉血；用 GKN 液（配法见试剂部分）洗涤 1～2 次，每次洗涤 1500r/min 离心 5min，弃上清；最后依据红细胞沉淀体积用 GKN 液配成 2% 细胞悬液。

（2）5% 小鼠腹水瘤细胞悬液。脱颈法处死于腹腔接种 S-180 瘤细胞约 1 周的荷瘤小鼠（接瘤方法见附录二），抽取腹腔液，按照洗涤红细胞的方法用 GKN 液洗涤 1～2 次，最后配成 5% 细胞悬液。

2. 试剂

（1）PEG。分子质量为 1000Da 和 4000Da。

（2）GKN 液。NaCl 8g，KCl 0.4g，$Na_2HPO_4 \cdot 12H_2O$ 3.558g，$NaH_2PO_4 \cdot 2H_2O$ 0.78g，葡萄糖 2g，酚红 0.01g（可加可不加），加双蒸水至 1000mL。

3. 用品

10mL 低速离心机、恒温水浴锅（50℃，37℃）、10mL 平底刻度试管、血细胞计数板、胶头吸管（粗口）、带盖离心管等。

三、实验步骤

1. 配制 50% PEG

（1）称取 PEG，倒入带盖离心管中，沸水浴使 PEG 熔化。

（2）将装有熔化 PEG 的离心管转入 50℃水浴中，向管中加入毫升数与 PEG 克数相同的预热至 50℃的 GKN 液，立即用粗口胶头吸管吹打混匀。

（3）用 $NaHCO_3$ 调 pH 至 8.0，保存于 37℃水浴中。

2. PEG 诱导细胞融合

（1）准备细胞材料。吸取细胞悬液（单独或混合）1mL，1000r/min 离心 5min，弃全部上清或弃大部分上清，仅留约 0.1mL 液体。

（2）加 PEG 融合。用手指轻弹离心管底部，使沉淀松散；将离心管放入 37℃水浴中；吸取预热至 37℃的 50% PEG 0.5mL，逐滴加入细胞沉淀中，边加边用吸管吹打混匀，维持细胞在 PEG 中总时间 1.5～2min。

（3）终止 PEG 作用。向试管中缓慢滴加 8mL 预热至 37℃的 GKN 液，轻轻吹打混匀，于 37℃水浴中静置 20～30min。

（4）除融合剂。1500r/min 离心 5min，弃上清。

（5）用 1mL GKN 液重悬细胞。

3. 制备装片，观察融合现象

已初步融合细胞膜接触处破坏，胞质贯通。

4. 计数 200 个细胞，计算融合率

融合率＝融合细胞核数 /（融合细胞核数＋未融合的细胞核数）×100%

四、注意问题

（1）注意 PEG 因降温而凝固。

（2）50% PEG 处理时间不宜过长，否则会导致细胞破坏或有多个细胞彼此融合形成巨大的合胞体。

（3）经 PEG 处理后加液混匀时应轻轻吹打，以减少初融合的细胞分开。

五、作业与思考题

（1）多大分子质量的 PEG 用于细胞融合较为合适？

（2）PEG 介导的细胞融合的理想融合率是多少？怎样提高 PEG 介导的细胞融合率？

六、参考文献

霍乃蕊，孟利梅. 2005. 细胞融合技术的应用研究进展 [J]. 动物医学进展，26（3）：32-35.

李玫. 2005. 细胞融合实验方法的改进 [J]. 汕头大学医学院学报，18（3）：183-184.

薛雅蓉，张晶，华子春. 2012. 实用细胞生物学实验 [M]. 北京：科学出版社.

第二章

综合型细胞实验

第一节　细胞的分离与分选

通过细胞分离（cell separation）和细胞分选（cell sorting）从混合细胞样品中获得纯化细胞类群是研究特定种类细胞结构及功能的前提。

细胞分离和细胞分选没有本质的不同，但前者更偏向于通过细胞的物理性质如大小、密度、表面电荷、吸附能力等分离细胞，得到的细胞依然不是真正意义上的纯化细胞；而后者偏向于利用细胞表面标志分子或胞内特异产物分离获取特定种类的细胞。

密度梯度离心法是一种利用细胞密度特性分离细胞的方法，也是一种最常用、最简单的细胞分离方法。

细胞分选最常用的方法有两种，即免疫磁珠细胞分选法和流式细胞仪细胞分选法。

免疫磁珠细胞分选法（immunomagnetic cell separation method）是一种根据细胞表面表达分子不同，由抗体介导并借助于磁场中的磁珠分离细胞的方法。

磁珠是由 Fe_3O_4 纳米粒子分散在球形 SiO_2 基质中形成的大小为 $100\sim1000nm$ 的球形颗粒。

分离原理是：单抗包被磁珠与待分离细胞悬液作用后，表面有单抗对应抗原的细胞通过与磁珠上的单抗结合而与磁珠相连；磁珠经过一强磁场中的层析柱时被截留，与其结合的细胞也同时被截留；表面无单抗对应抗原的细胞则不能在磁场中停留，直接流出层析柱。

磁珠的包被方法有两种：一种是用单抗直接包被磁珠；另一种是先用链霉亲和素（也称为抗生物素蛋白）标记磁珠，然后借助链霉亲和素与生物素能够高亲和力结合的特性，将磁珠与生物素化抗体相连。后一方法在分离细胞时先用生物素标记的单抗与待分离细胞孵育，使生物素化抗体结合于有特定表面抗原的细胞表面；再让抗体标记细胞与链霉亲和素包被磁珠反应，将生物素化抗体包被的细胞与链霉亲和素包被的磁珠结合在一起。

磁珠分选法所用的磁珠既可标记在目标细胞上，也可标记在所有不相关细胞上。磁珠标记在目标细胞上时，磁场中截留的细胞为目标细胞，分选方法为正分选法；标记在所有不相关细胞上时，柱上截留的细胞为不相关细胞，而从磁场中流出的细胞为目标细胞，这种分选法称为负分选法。正分选法获得的目标细胞纯度较高，但有可能因抗体的结合而导致细胞不可控制地活化。另外，正分选法分离结束后细胞上依然带有抗体，有可能干扰后面的实验。

应用最多的磁分选设备为德国 Miltenyi Biotech 公司的 MACS 和 MiniMACS，可用于分离各种细胞及亚群，分离纯度可达到 95%～99%，回收率超过 90%。分离量大、速度快、设备简单、费用低廉、作用温和、不影响细胞活性。因此，该法已成为国际上公认的先进的细胞分离方法。

流式细胞仪细胞分选法是一种利用流式细胞仪将大小、结构、表面特性和胞内组成不同的细胞分离开来的方法。用荧光素标记分子对细胞进行免疫荧光染色后再经流式细胞仪分选可获得具有特异表面标记分子的细胞。分选原理是：激光光源激发荧光染色细胞上的荧光使其发射某些波长的光，这些光可被流式细胞仪内安装的复杂镜系统和过滤系统收集及分散，使每种特定荧光产生一个特异信号并被仪器接收。

流式细胞仪分选细胞的最大优点是可在短时间内获得纯度极高的目标细胞。目前，先进的流式细胞仪如美国 BD 公司的 FACSAria 的细胞分选速度可达每秒 70 000 个以上细胞，精度可达 99% 以上。同时，流式细胞仪还可同时对不同荧光素染色的细胞进行多路分选，如 BD FACS-Aria 流式细胞仪就可以进行四路分选。

但其与免疫磁珠细胞分选法相比，存在仪器昂贵、分离成本高、活细胞一次分选量小的缺点。流式细胞仪一次分离的最大合理细胞量约为 10^8 个细胞，用目前分选速度最快的流式细胞仪分选时间可以控制在 1h 之内，对细胞存活影响不大；但细胞量若超过 10^9 个，则需要耗时超过 10h，分选后细胞的活力会受到很大影响。

▦ 拓展阅读文献

Ibrahim SF, Engh GVD. 2003. High-speed cell sorting: fundamentals and recent advances [J]. Current Opinion in Bioechnology, 14 (1): 5-12.

Mattanovich D, Borth N. 2006. Applications of cell sorting in biotechnology [J]. Microbial Cell Factories, 5 (1): 12.

Yu ZTF, Aw Yong KM, Fu J. 2014. Microfluidic blood cell sorting: Now and beyond [J]. Small, 10 (9): 1687-1703.

实验 23　密度梯度离心法分离血液单个核细胞

一、实验原理

外周血细胞由密度不同的红细胞、粒细胞、单核细胞、淋巴细胞、血小板等组成。对人血液来讲，其中红细胞密度最大，在 1.09～1.11；粒细胞密度次之，在 1.080～1.092；单核细胞、淋巴细胞及自然杀伤细胞（NK 细胞）密度相近，在 1.050～1.077；血小板密度最小，只有 1.030～1.060；将其中与单核细胞密度相近的单核细胞、淋巴细胞、NK 细胞等统称为外周血单个核细胞（peripheral blood mononuclear cell，PBMC）。当将稀释的抗凝血叠加于适宜密度（与单个核细胞密度相近）的淋巴细胞分离液之上，经适当的离心力离心一段时间后，红细胞和粒细胞密度大于分层液，沉积于管底；血小板则因密度小而悬浮于血浆中；唯有与分层液密度相当的单个核细胞密集在血浆层和分层液之间的界面。

二、实验材料、试剂及用品

1. 材料

肝素抗凝人血。

2. 试剂

（1）肝素钠溶液。用生理盐水配成 180IU/mL。

（2）D-Hanks 液。配制方法见附录一。

（3）人淋巴细胞分离液。市售，20℃时密度应为（1.077±0.001）g/L。

3. 用品

10mL 低速离心机、托盘天平、一次性塑料注射器、10mL 离心管、胶头吸管、40mL 小烧杯等。

三、实验步骤

方法见"视频 3 单个核细胞分离与细胞计数"。

（1）采血。肝素抗凝，静脉采血；每毫升全血加 0.1mL 125～250IU/mL 肝素钠溶液。

（2）稀释血液。用 D-Hanks 液按 1∶1 稀释抗凝血。

（3）加样。先在 10mL 离心管中加入 2mL 人淋巴细胞分离液，再沿管壁在距分层液界面上 1cm 处缓慢加入 2mL 稀释血。应注意保持两者界面清晰，勿使血液混入分层液内。

（4）离心。2000r/min 离心 20min。

（5）肉眼观察分离效果。管底为红色的细胞沉淀（红细胞和粒细胞），分离液和血浆之间有灰白色薄层的外周血单个核细胞（PBMC）。

（6）用毛细吸管轻轻插入灰白色层，沿管壁轻轻吸出 PBMC，转入另一离心管，制备装片观察所分离的细胞形态。

（7）洗涤淋巴细胞。将所得到的 PBMC 悬液用 5 倍体积的 D-Hanks 液离洗细胞 2 次，依次以 2000r/min、1500r/min 在室温下（18～25℃）离心 10min，可去掉大部分混杂的血小板。

（8）细胞密度及活力检测。加 1mL D-Hanks 液重悬细胞沉淀后按实验 12 和实验 16 的方法分别检测分离获得的细胞密度和活细胞比率。

一般每毫升健康成人血可分离出（1～2）×10⁶ 个单个核细胞。

四、注意问题

（1）制备介质梯度及加样时注意不要破坏下层液面。

（2）离心机加速、降速时应缓慢、平稳，以免突然震荡导致分层破坏。

（3）分离不同密度的细胞应配制或选购对应密度的分离液。

（4）与血液样品接触时应注意生物安全防护，避免血源性传染病。

五、作业与思考题

（1）向分层液上加完要分离样品后若拖延离心时间，会出现红细胞沉至管底的现象。这会影响后面的分离结果吗？

（2）细胞悬液加在分层液上面后离心的速度增大和减少分别可能出现什么情况？

六、参考文献

金伯泉．2002．细胞和分子免疫学实验技术［M］．西安：第四军医大学出版社．

实验 24　免疫磁珠分选法分离小鼠脾脏 CD4$^+$ T 淋巴细胞

一、实验原理

细胞借表面抗原与特定抗体包被的磁珠反应后和磁珠相连，在外加磁场的磁分离器中，与磁珠结合的细胞可与无磁珠结合的细胞分开。

二、实验材料、试剂及用品

1. 材料

小鼠，体重 18～20g，雌雄不限。

2. 试剂

（1）70% 乙醇。

（2）D-Hanks 液。配制方法见附录一。

（3）0.83% NH_4Cl 溶液。0.22μm 滤膜过滤消毒。

（4）含 10% 胎牛血清（FBS）的 RPMI1640 完全培养液。配制方法见附录一。

（5）0.4% 台盼蓝生理盐水染液。配制方法见附录一。

（6）0.01mol/L PBS 缓冲液。配制方法见附录一。

（7）生物素标记的抗 CD4 抗体。

（8）UniQ 中性链亲和素包被磁珠。北京百奥科生物技术有限公司。

3. 用品

CO_2 培养箱、普通光学显微镜、磁性细胞分选仪、恒温水浴锅（37℃）、10mL 低速离心机、托盘天平、40mL 小烧杯、小剪刀、尖头镊子、直镊、弯镊、9cm 平皿、6cm 玻璃平皿、6cm 塑料培养皿、200 目细胞过滤筛、2mL 玻璃注射器内芯、10mL 一次性注射器、10mL 带盖刻度离心管、1.5mL EP 管、胶头吸管、血细胞计数板、载玻片及盖玻片等。

三、实验步骤

1. 制备小鼠脾脏细胞悬液

（1）脱颈处死小鼠。

（2）消毒小鼠。70% 乙醇浸泡 3min。

（3）准备研磨用品。将 200 目细胞过滤筛放入 9cm 平皿，加盖。

（4）剖腹取脾脏。

（5）用 D-Hanks 液漂洗脾脏。

（6）挤压游离脾细胞。将脾脏放在 200 目细胞过滤筛上，剪去一端包膜；用一把直镊固定脾脏未剪去包膜的一端，然后将一把弯镊的镊尖并拢，用弯曲部分的背侧从固定端向游离端轻轻挤压脾脏，将其中细胞挤出，并及时将挤出的细胞用 D-Hanks 液冲下。或先将脾脏剪成碎块，放在滤网上，用玻璃注射器内芯按压挤出其中细胞并用 D-Hanks 液冲下。

（7）过滤除去组织块及细胞团。

（8）离心收集细胞。1500r/min 离心 5min，弃上清液。

（9）裂解红细胞。向细胞沉淀中加入 5mL 0.83% NH$_4$Cl 溶液或红细胞裂解液，混匀，置 37℃水浴中 10min，裂解红细胞。

（10）除裂解液。1500r/min 离心 5min，弃上清液；再加 2mL D-Hanks 液重悬后 1500r/min 离心 5min，弃上清液。

（11）黏附除单核巨噬细胞。用 6mL RPMI1640 培养液重悬细胞沉淀，然后转入 6cm 塑料培养皿中，37℃温育 2h，使其中巨噬细胞黏附。

（12）收集淋巴细胞并检测活率。收集培养液，其中主要为淋巴细胞。吸取 100μL 于 1.5mL EP 管中，另加等量 0.4% 台盼蓝生理盐水染液，混合后染色 3～5min，制片检测活细胞比率，要求在 95% 以上。

2. 细胞磁分选

（1）洗涤脾脏单个核细胞。用 PBS 缓冲液洗涤细胞 2 次，每次 1500r/min 离心 5min，弃上清液；最后加入 100μL PBS 缓冲液悬浮细胞。

（2）标记细胞。向细胞悬液中加入 1μg 生物素标记的抗 CD4 抗体，冰上孵育 20min。

（3）洗涤除未结合抗体。用 PBS 缓冲液洗涤细胞 2 次，每次 2000r/min 离心 5min，弃上清液。

（4）用磁珠标记细胞。用 100μL PBS 溶液重悬细胞沉淀，按说明书要求用量加入链亲和素包被磁珠，冰上孵育 15min，然后用 PBS 缓冲液洗涤细胞 2 次，每次 2000r/min 离心 5min，弃上清液，最后用 0.5mL PBS 缓冲液重悬细胞。

（5）用细胞磁分选仪分选标记细胞。方法见"视频 10　细胞磁分选原理及应用"。

准备分选设备：先将分选柱放到磁力架上，再将有废液收集管、阴性对照细胞收集管、磁珠标记细胞收集管的试管架放在磁力架上的分选柱下面。

细胞分选：①移动试管架，使废液收集管在分离柱正下面；向分离柱中加入一定量的平衡缓冲液（一般为 PBS），让液体分散布满分离柱装柱物后流出，收集至废液管中。②移动试管架，使阴性对照细胞收集管在分离柱正下面；至装柱物上面的缓冲液即将完全进入装柱物时，向分离柱中轻轻加入标记了磁珠的样品混合液，让自由穿过液流入阴性对照细胞收集管。③加入缓冲液洗涤分离柱两次，去除未标记磁珠的细胞。④从磁场中取下分选柱，置磁珠标记细胞收集管上；向其中加入缓冲液，装上活塞并快速推动，靠冲力将分选柱上吸附的细胞样品冲洗下来。

3. 流式细胞仪检测分离细胞的纯度

流式细胞仪使用见"视频 11　BD Accuri C6 流式细胞仪的使用"。操作文字见第五章第二节流式细胞仪部分。

四、注意问题

（1）待分选细胞中如有贴壁细胞，建议在分选前先贴壁培养去除，或者提高 EDTA 浓度。

（2）抗体包被磁珠对死细胞常有非特异性结合，因而用磁珠分选前最好先用 Percoll 液离心去除死细胞。

（3）分选细胞量应在柱效范围内。

（4）上分离柱前，应充分混匀细胞，打散细胞团块。

（5）加缓冲液及细胞样品时避免产生气泡。应用真空抽滤水可减少水中气泡。

（6）延长孵育时间、提高温度会增加非特异结合。因此，要按检测产品说明书掌握好孵育时间和温度。

五、参考文献

Thornton AM. 2003. Fractionation of T and B cells using magenetic beads [J]. John Wiley & Sons, Inc., Chapter 3: Unit 3. 5A.

实验 25　T 细胞的免疫荧光标记及流式细胞仪分选实验

用荧光素标记的特定抗体与表面表达对应抗原的细胞反应后可使细胞带荧光，然后便可用流式细胞仪对其进行分选。

免疫荧光法分直接法和间接法两种。直接法是用荧光素标记抗体（一抗）直接与抗原反应，间接法先用未标记的抗原特异抗体（一抗）与抗原反应，再用荧光素标记的抗一抗抗体（二抗）反应。需要注意的是，二抗应为一抗的种特异性和同种型特异性抗体。例如，一抗来源于人，为 IgG 类抗体，则二抗应为（其他动物来源的）抗人 IgG 类抗体；再如，一抗为来源于大鼠的 IgM 类抗体，则二抗应为（其他动物来源的）抗大鼠 IgM 类抗体。这里的种指动物品种，同种型指 Ig 类别。若一抗为单克隆抗体，不特别标明来源的情况下，一般为鼠源的 IgG 类抗体，二抗一定要用抗鼠 IgG 抗体。

一、实验原理

活细胞表面保留有较完整的抗原或受体，人成熟 T 细胞表面标记分子为 CD3，用荧光素标记的鼠抗人 CD3 单抗与 T 细胞表面 CD3 分子反应后，可在 CD3 分子所在部位形成 CD3- 荧光素标记抗 CD3 抗体复合物，在荧光显微镜及激光共聚焦显微镜下可观察到荧光，显示 CD3 在 T 细胞表面的分布。也可用流式细胞仪分选 CD3 阳性细胞。

二、实验材料、试剂及用品

1. 材料

新采集的抗凝人静脉血，用前保存于 4℃ 冰箱。

2．试剂

（1）500IU/mL 的肝素钠生理盐水溶液。

（2）0.9% NaCl 溶液（生理盐水）。

（3）人淋巴细胞分离液。直接购买。

（4）DPBS（pH7.4）。配制方法见附录一。

（5）抗体稀释液。含 1% 牛血清白蛋白（BSA）和 0.1% 叠氮化钠的 DPBS。

（6）荧光素 FITC 标记的抗人 CD3 单抗。按试剂盒要求的稀释倍数用含 1% 牛血清白蛋白和 0.1% 叠氮化钠的 DPBS 稀释成工作液。

（7）洗涤缓冲液。含 5% 胎牛血清的 DPBS。配制方法：DPBS 900mL，胎牛血清 50mL（终浓度 5%），4% 叠氮化钠 50mL（终浓度 0.2%）。

（8）细胞固定液：DPBS 10mL，葡萄糖 0.2g，甲醛 1mL，4% 叠氮化钠 50μL。

3．用品

10mL 低速离心机、托盘天平、荧光显微镜或激光共聚焦显微镜、恒温水浴锅、低温冰箱、10mL 带盖刻度离心管、EP 管、1000μL 移液枪及对应枪头、载玻片及盖玻片等。

三、实验步骤

1．人血液单个核细胞分离及调浓度

（1）用生理盐水 1∶1 稀释血液。

（2）分离单个核细胞。2mL 分离液＋2mL 稀释血；2000r/min 离心 20min；吸取两液界面细胞转入 10mL 离心管。

（3）洗涤淋巴细胞。加 5mL 生理盐水，混匀，2000r/min 离心 10min，弃上清；另加 1mL DPBS 重悬细胞。

（4）细胞计数及调浓度。计数，并用 DPBS 调浓度为 1×10^7 个 /mL。

2．T 细胞免疫荧光标记（在 EP 管中进行）

（1）离心沉淀细胞。1mL 细胞悬液，1500r/min 离心 5min，弃上清液。

（2）加荧光标记抗 CD3 抗体反应。100μL FITC 标记的抗人 CD3 单抗，4℃避光反应 1h。

（3）洗涤细胞。用洗涤缓冲液洗 3 次。每次加满，1500r/min 离心 5min，弃上清。

3．激光共聚焦显微镜观察

（1）固定细胞。500μL 固定液，固定 10min。

（2）制备装片，激光共聚焦显微镜观察。

（3）结果。细胞表面呈环状分布的绿色荧光。

4．流式细胞仪分选活细胞

向细胞沉淀加 1mL DPBS 重悬细胞，与空白对照细胞（未用荧光抗体标记的细胞）同时上流式细胞仪分选荧光标记细胞。

四、注意问题

（1）防止抗体与活细胞表面抗原结合后引起表面抗原的内吞。高浓度的叠氮化钠、4℃或冰上反应、细胞固定均有助于减少表面抗原内吞。

（2）细胞活性要好，否则易发生非特异性荧光染色。

（3）减少荧光淬灭。从加荧光标记抗体反应开始，后面的步骤均应避光操作并尽量减少紫外线下的观察时间。标本在试管中避光保存于4℃冰箱5～7天不会明显影响观察结果，但若在荧光显微镜的紫外线下荧光会快速减弱。

（4）洗涤液中往往需要添加蛋白质、EDTA及叠氮化钠。蛋白质可减少抗体与细胞的非特异结合；稳定细胞外环境、减少细胞对反应管的黏附。EDTA可减少依赖于二价阳离子的细胞黏附。叠氮化钠可防止活细胞内吞，减少细胞表面蛋白因交联聚集而形成斑块或成帽。

五、参考文献

金伯泉．2002．细胞和分子免疫学实验技术［M］．西安：第四军医大学出版社．

Celis JE．2008．细胞生物学实验手册3（导读版）［M］．北京：科学出版社．

第二节　细胞培养相关实验

　　细胞培养是指在体外模拟细胞体内生长的条件，使细胞在体外生长繁殖的过程。相对于细胞在体内的生长，体外培养过程条件可控，干扰因素少，可以提供大量均一的细胞样品供研究及生产使用，已广泛用于生物学和医药学的各个领域，如细胞生物学、分子生物学、遗传学、医学、药理学、免疫学、细胞工程、老年学、肿瘤学等。

　　体外培养细胞对实验条件要求较高，包括：①严格的无菌环境。原因是，微生物比动植物细胞繁殖速度快得多，一旦有微生物污染，细胞培养将无法继续。②适宜的培养基：生理渗透压、适可的酸碱度、丰富的营养、必需的生长调节因子等。最终用于培养细胞的培养基称为完全培养基。一般组成包括：合成基础培养基、天然营养成分、抗生素等。合成基础培养基是一些商业化的产品，是在平衡盐溶液（balanced salt solution，BSS）基础上，添加葡萄糖、氨基酸、维生素、微量元素、核苷及生长促进因子等制成的液体或粉状制剂。有多种成熟的市售产品，如Eagle MEM、RPMI1640、M199等，适用于不同类型的培养细胞。天然营养成分有血清、鸡胚浸出液等，血清中用的比较多的为牛血清，包括小牛血清、新生牛血清、胎牛血清等，越小动物的血清促生长作用越好。有的细胞必须在含血清的培养基中才能生长，有的细胞则对是否含血清要求不严格。pH在6.8～7.4时较好，细胞耐酸性比耐碱性大一些。③合适的培养温度。人和哺乳动物细胞的最适培养温度为35～37℃。偏离这一温度，细胞的正常代谢和生长将会受到影响。高温更易对细胞产生不良影响，甚至导致细胞死亡；稍低于最适温度的低温条件一般仅引起细胞代谢减缓，而不会导致细胞死亡。④足够的溶解氧。

　　因此，细胞培养需要有无菌间和超净工作台进行材料处理；细胞正式培养前要进行严格细致的实验准备工作，包括：选择适宜于所培养细胞的培养基、用品清洗与消毒、试剂配制与消毒、环境消毒等（见附录三）；在实验过程中，凡与培养细胞材料接触的环节都需要严格的无菌操作；细胞一般培养在可调节气体成分组成的CO_2培养箱中；

培养细胞暂时不用时需要冻存起来。

细胞培养根据材料来源分为原代培养和传代培养。原代培养（primary culture）是指直接从生物体取材（细胞、组织或器官）进行的第一次培养（中途不分割培养物、不更换培养物的生长器皿）。传代培养（passaging or splitting culture）是指分割细胞培养物进行的再培养。

原代培养的细胞往往组成复杂、生长缓慢，但是更能代表所来源的组织细胞类型和表达组织的特异性特征，可用于药物测试、细胞分化及病毒学等方面的研究。传代培养的细胞可以进行细胞克隆，形成细胞株，易于保存，可提供大量一致、持久的实验材料。

根据细胞在体外的生长方式，大体可将培养细胞分为贴壁型（黏附型）和悬浮型两大类。贴壁型细胞是必须附着在某一支持物表面才能生长的细胞；悬浮型细胞则是不必附着于固相支持物表面，而在悬浮状态下即可生长的细胞。绝大多数有机体细胞属于贴壁型细胞，只有少数细胞类型如多数血细胞、某些血液来源的肿瘤细胞可在悬浮状态下生长。

▦ 拓展阅读文献

陈玉琴，蔡钦泉，张彦鹏，等. 2008. 微载体系统规模化细胞培养研究［J］. 中国生物工程杂志，28（6s）：215-219.

薛庆善. 2001. 体外培养的原理与技术［M］. 北京：科学出版社.

Huh D, Hamilton GA, Ingber DE. 2011. From 3D cell culture to organs-on-chips [J]. Trends in Cell Biology, 21 (12): 745-754.

Young EWK, Beebe DJ. 2010. Fundamentals of microfluidic cell culture in controlled microenvironments [J]. Chemical Society Reviews, 39 (3): 1036-1048.

实验 26　贴壁细胞的原代培养实验

一、实验原理

模仿体内生长环境，使来自机体的细胞、组织、器官能够在人工培养条件下生存、生长、繁殖。鸡胚肌肉组织含有大量可贴壁生长的细胞，可以其为材料进行贴壁细胞的原代培养。

二、实验材料、试剂及用品

1. 材料

7～12 日龄的鸡胚。

2. 试剂

（1）D-Hanks 液。配制方法见附录一。

（2）含 0.02% EDTA 的 0.25% 胰蛋白酶溶液。配制方法见附录一。0.22μm 滤膜过滤除菌，保存于 4℃冰箱。

（3）M199 基础培养液。

（4）小牛血清。56℃水浴 30min 灭活。

（5）青霉素贮存液。用无菌水配成 5 万 IU/mL，分装于 EP 管，−20℃冻存。

（6）链霉素贮存液。用无菌水配成 5 万 μg/mL，分装于 EP 管，−20℃冻存。

（7）5% $NaHCO_3$。

（8）2% 碘酒。2g 碘溶于 20mL 蒸馏水中，加 75mL 95% 乙醇，再加 105mL 75% 乙醇。

（9）75% 乙醇。

（10）重铬酸钾洗液。由重铬酸钾、浓硫酸和蒸馏水按一定比例配制而成。

（11）0.4% 台盼蓝生理盐水染液。配制方法见附录一。

（12）M199 完全培养液。

M199 基础培养液	500mL
小牛血清	60mL
青霉素（500×）	1.2mL
链霉素（500×）	1.2mL

调 pH 至 6.8～7.2，用 0.22μm 滤膜过滤除菌。

3. 用品

纯水设备、电热干燥箱、高压蒸汽灭菌锅、超净工作台、CO_2 培养箱、普通低温冰箱、倒置相差显微镜、托盘天平、10mL 离心机、恒温水浴锅（37℃）、解剖器械（眼科弯剪、眼科镊）、酒精灯、超过滤器及 0.22μm 滤膜、青霉素瓶、培养瓶或培养皿、血细胞计数板、10mL 离心管、胶头吸管等。

三、实验步骤

方法见"视频 5　鸡胚原代细胞获取"。

1. 消毒鸡胚

75% 乙醇浸泡 3～5min，捞出，在超净工作台上晾干。

2. 取材及洗涤

（1）在培养皿和青霉素小瓶里预先加入 3mL D-Hanks 液。

（2）用已消毒镊子尾端在鸡胚蛋的大头（有气室一头）蛋壳处敲出一个小口；沿小口用镊尖小心夹去蛋壳，暴露出尿囊绒毛膜及附着的血管；在酒精灯火焰上消毒镊尖后再用其夹住尿囊绒毛膜并撕开；然后用弯镊以背向卵黄囊（内包黄色卵黄）的方向伸入羊水（包围鸡胚的液体），轻轻夹住鸡胚的颈部，拉出鸡胚，放入预先加有 D-Hanks 液的培养皿中，用吸管吸取 D-Hanks 液冲洗鸡胚，除去外部附着的蛋液。

（3）用剪刀和镊子过火保证无菌后，剪取所需部位的组织约 $0.5cm^3$，放入预先加有 3mL D-Hanks 液的青霉素瓶中；用吸管冲洗后吸弃 D-Hanks 液，重新加入 1mL 干净的 D-Hanks 液。

3. 分割组织及洗涤

用眼科弯剪将组织块剪成 1～2mm^3 小块，向其中再加 2mL D-Hanks 液，用吸管吹打混匀，静置 1min，用吸管吸弃液体；重复洗涤过程，再加 D-Hanks 液洗涤组织块，再弃；最后一次加入的 D-Hanks 液，用吸管吸取连同组织块一起转移入离心管中，静置 2min，吸弃 D-Hanks 液。

4．加酶消化

加入 2mL（不少于 5～6 倍体积）0.25% 胰酶液，拧上盖子后将离心管置 37℃水浴中，每隔 5min 取出离心管用力振晃 1 次，让组织块外部已消化的细胞脱落悬浮，胰酶可接触组织块内部进一步消化。持续消化 25～30min。

5．终止消化

加入 5mL 完全培养液终止胰酶消化作用。

6．吹打离散细胞

用吸管反复吸打细胞液，注意通过吸多放少的方式减少气泡产生，让消化下来的细胞充分分散成单细胞悬液。

7．静置

使未消化组织块下沉，将上层悬液转入另一离心管中。

8．离心收集细胞

1500r/min 离心 8min，弃上清液。然后视细胞量多少加入 1～2mL 完全培养液混匀。

9．细胞计数及活率检测

方法分别见实验 12 和实验 16。

10．调细胞浓度

根据计数结果，用 M199 完全培养液将细胞浓度调整到 5×10^5 个 /mL 左右，按每个 25mL 的培养瓶或每个 6cm 平皿分装 5mL 分装细胞悬液。

11．细胞培养

37℃ 5% CO_2 培养箱培养。

12．结果观察

（1）微生物污染情况。真菌污染：肉眼可看到真菌菌落漂浮于培养液中或附着在培养器皿表面；倒置相差显微镜下可看到各种形态的真菌菌丝。细菌污染：肉眼可见培养液变浑浊、颜色可能变黄；倒置相差显微镜下可观察到培养液中大量活动的细菌，甚至覆盖细胞。支原体也是细胞培养的主要污染源。据报道，目前世界上有 30%～50% 的细胞株（系）已经受到支原体污染。支原体污染肉眼及显微观察均不可见，不易被发现，尤其在污染早期。但大量污染会造成细胞生长缓慢，培养细胞被破坏。若出现大量细胞碎片，可疑为支原体污染。确定其污染需要应用 PCR 法、免疫学方法等进行检测；还可采取适当的方法进行清除。

（2）培养基的酸碱度。酚红在 pH7.0 左右时颜色为红色，偏酸时发黄，偏碱时发紫。

（3）细胞形态及生长情况。正常情况是：细胞贴壁，单独或成片生长于培养瓶皿底部，形态多三角形或梭形、细条形。状态良好的细胞：明亮、透明而饱满，轮廓不清。状态不良细胞：形态不规则，轮廓增强、透明性降低，细胞质中出现空泡、脂滴和其他颗粒状物质。严重者细胞脱壁悬浮。如有大量细胞悬浮于培养液中未贴壁，说明消化过度导致大量细胞损伤死亡。

（4）培养温度和 CO_2 浓度。

四、注意问题

严格避免微生物污染。微生物主要通过以下途径进入培养体系。

（1）空气。空气是微生物传播的主要途径。无菌操作应在超净工作台内进行；工作时要戴口罩，以免因讲话、咳嗽等使外界污染进入工作面。

（2）器材。培养所用试剂、用品均要彻底消毒；培养箱也应定期消毒。

（3）操作。①操作应在酒精灯火焰附近进行，耐热物品要经常在火焰上烧灼。②凡需将细胞样品拿到超净工作台外进行的操作，如离心、水浴等，器皿需封口；结束超净工作台的操作后，应用酒精棉球擦拭器皿外部进行消毒后再重新移入超净工作台。③不能用手触摸已消毒器皿的工作部分。④尽量减少材料在空气中暴露的时间。⑤避免对着超净工作台讲话和随意走动。⑥开口的试剂瓶应尽量保持倾斜放置。⑦打开的盖子口要朝下放于工作台上。⑧用酶消化不能过度。过分消化会导致细胞损伤、死亡。⑨火焰消毒过的金属器械应待冷却后再夹取组织，以免造成组织烫伤。⑩吸取过营养液的用具应先用酒精棉球擦拭后再过火焰烧，以免焦化物对细胞产生毒性。

五、作业与思考题

细胞培养为什么要用 CO_2 培养箱？ CO_2 起什么作用？

六、参考文献

桂馨，钱洁，许洁. 2013. 细胞培养过程中支原体污染的检测及预防［J］. 同济大学学报（医学版），34（3）：24-27.

吴尚辉，彭聪，顾焕华，等. 2004. 体外细胞培养支原体的检测与清除［J］. 中国现代医学杂志，14（12）：111-113.

薛庆善. 2001. 体外培养的原理与技术［M］. 北京：科学出版社.

实验 27　贴壁细胞的传代培养实验

一、实验原理

细胞外有多种胞外蛋白，如胶原蛋白，使细胞与细胞之间及细胞与培养瓶、皿壁粘连起来，形成贴壁生长及互相连接成片。用胰蛋白酶分解这些胞外蛋白可以使细胞间连接断裂，细胞与培养瓶、皿底部分开。

二、实验材料、试剂及用品

1. 材料

融合度达到 80%～90% 的贴壁细胞。

2. 试剂

（1）D-Hanks 液。配制方法见附录一。

（2）含 0.02% EDTA 的 0.25% 胰蛋白酶溶液。配制方法见附录一。0.22μm 滤膜过滤除菌，保存于 4℃冰箱。

（3）小牛血清。56℃水浴灭活 30min。

（4）DMEM 基础培养液。粉剂或溶液，直接购买。

（5）青霉素贮存液。用无菌水配成 5 万 IU/mL，分装于 EP 管，−20℃冻存。

（6）链霉素贮存液。用无菌水配成 5 万 μg/mL，分装于 EP 管，−20℃冻存。

（7）含 10% 小牛血清的 DMEM 完全培养液。配制方法见附录一，0.22μm 滤膜过滤除菌。

（8）0.4% 台盼蓝生理盐水染液。配制方法见附录一。

3. 用品

纯水设备、电热干燥箱、高压蒸汽灭菌锅、超净工作台、CO_2 培养箱、普通低温冰箱、倒置相差显微镜、托盘天平、10mL 离心机、恒温水浴锅（37℃）、酒精灯、超过滤器及 0.22μm 滤膜、培养瓶或培养皿、血细胞计数板、10mL 离心管、胶头吸管等。

三、实验步骤

方法见"视频 6　贴壁细胞的传代与冻存"。

（1）清洗贴壁细胞。用胶头吸管吸取 3mL PBS 缓冲液加入培养皿，来回晃动几次，然后倒掉 PBS 液；重复该操作一次，以尽量去除培养液中的血清成分和死亡细胞。

（2）胰酶消化处理。加入 1mL 胰蛋白酶消化液，晃动瓶底使其完全覆盖培养物，然后倒掉，重新加入少量胰酶晃动使其再次覆盖满细胞表面，拧好瓶盖，置培养瓶于倒置显微镜下观察。待观察到细胞突起缩回、细胞之间间隙增大、细胞近乎缩成圆形时即可终止消化。如果细胞贴壁牢固，可放于 37℃培养箱内静置 1min 后再观察细胞间连接是否切断，细胞是否变圆悬浮起来。

（3）终止消化。当消化完全时，加入 3mL 新鲜 DMEM 完全培养液终止消化，并反复用吸管吸取培养器皿中的培养液，有次序地冲洗整个瓶、皿底部，使细胞与培养容器底部脱离并充分分散。注意：吹打动作不宜过猛，吹出液体力度适中，并避免产生大量气泡和损伤细胞。显微镜观察细胞分散是否充分，如果细胞抱团，分散不充分，可回到超净工作台里继续吹打至细胞完全分散。

（4）扩大培养。将细胞悬液转入离心管，1500r/min 离心 5min，吸弃上清，向细胞沉淀里加入适量新鲜培养液，用吸管吹打混匀细胞；根据需要，等分分装到几个培养器皿中；补足培养液，标记好，放于培养箱内培养。

（5）检测细胞活率。按实验 16 的方法用台盼蓝染料排除法检测活细胞比率。

四、注意问题

消化过度会损伤细胞，导致细胞死亡，不能再次贴壁生长，并有部分细胞漂浮流失；消化不足则导致细胞难以从瓶壁吹下，反复吹打同样会损伤细胞。

五、作业与思考题

（1）用酶消化细胞之前为什么要用 D-Hanks 液清洗培养物而终止消化是用 DMEM 完全培养液？

（2）对一种新的细胞株传代时怎样把握消化程度？

六、参考文献

薛庆善．2001．体外培养的原理与技术［M］．北京：科学出版社．

实验 28　细胞冻存与解冻复苏实验

细胞研究及应用实践中，为了保种和长期保存细胞的活性，常需将细胞进行冷冻保存，并在需要时重新复苏和培养。

冷冻保存（cryopreservation）简称冻存，一般是将体外培养物悬浮在加有（或不加）冷冻保护剂的溶液中，以一定的冷冻速度降至零下某一温度（一般是低于 −70℃ 的超低温条件），并在此温度下对其长期保存的过程。复苏（thawing）则是以一定的速度将冻存的培养物恢复到常温的过程。

微生物、动物细胞、植物细胞都可以进行冻存。存活率是考察细胞冻存效果的主要指标，进一步的考察还包括凋亡细胞比率、细胞贴壁性、生长速度等。影响冻存效果的因素主要有以下 5 个方面。

（1）细胞生长状况。细胞应处于旺盛分裂期（log phase）。此时细胞代谢旺盛、状态良好，保存后存活率高，容易恢复正常生长状态。

（2）冷冻保护剂。可以保护细胞免受冷冻损伤的物质，常常配制成一定浓度的溶液，作为冷冻保护剂。大多数有核哺乳动物细胞冻存时需要加冷冻保护剂。冷冻保护剂分为渗透性和非渗透性两种。渗透性冷冻保护剂可以渗透到细胞内，常用的有两种：甘油和二甲基亚砜（DMSO），其他还有乙二醇、丙二醇、乙酰胺、甲醇等。保护机制主要有两种：①保护剂在水中发生水合作用，使溶液冰点降低，冷冻过程延缓，使细胞有充足的时间适应降温变化。②进入细胞，提高细胞内渗透压，降低细胞脱水的速度和程度，避免细胞过分脱水皱缩。因此，在使用该类保护剂时，需要一定的时间进行预冷，让保护剂充分渗透到细胞内并在细胞内外达到平衡。非渗透性保护剂如羟乙基淀粉（HES），不易进入细胞，但能使细胞脱水，减少冷冻过程中胞内冰晶的形成。

（3）冷冻保存温度。−196℃ 是最佳冷冻保存温度，如果冷冻过程得当，一般生物样品在 −196℃ 可保存 10 年以上而不影响存活率；−80～−70℃ 保存几个月对细胞活性无明显影响，但长期保存细胞存活率明显下降；−20℃ 保存 3 天后，大部分细胞会死亡。

（4）冷冻速度。冷冻速度指降温的速度。冷冻过程造成细胞伤害的机制主要有两个：一是渗透压变化对细胞的损伤；二是水冷冻形成的冰晶伤害。在细胞冷冻过程中胞外胞内结冰速度不一致，胞外先结冰，引起胞外渗透压下降，胞内水分外渗。冷冻速度不同，胞内水分外流损失多少不同。速度过慢，水分外渗多，致细胞脱水过多而失活；速度过快，细胞内水分无足够时间外渗，随温度下降而出现胞内结冰，产生冰晶损伤；如果冷冻速度非常快（即超快速冷冻），则胞内形成的冰晶很小或不形成冰晶而呈玻璃状凝固。因此，超快速玻璃化冷冻对细胞来讲是最为理想的冷冻方法。不同细胞的质膜渗透性有差异，需要的冷冻速度也不同。玻璃化冻存的条件（冻存液组成、冻存速度等）需要反复摸索，难以实施。常规做法是：利用各种温级的冰箱分阶段降温，4℃、−20℃、−80℃ 分别 1～2h，再转液氮保存。如条件允许，可利用程控降温仪，按设定的降温速率从室温降至 $-90℃$ 以下，再投入液氮保存。

（5）复温速度。复温速度指细胞复苏时升温的速度。一般来讲，复温速度越快越好。若复温速度太慢，细胞内会重新形成较大的冰晶而造成细胞损伤。常规是在 $37℃$ 水浴中 $1\sim2min$ 完成复温。因此，不能用其他管径较粗的容器替代管径较细的细胞冻存管冻存细胞。

一、实验原理

在低于 $-79℃$ 的超低温条件下，细胞内部的生化反应极为缓慢，甚至终止。因此，采取适当的方法将生物材料温度降至超低温条件，即可使生命活动固定在某一阶段而不衰老死亡。当以适当的方法将冻存的生物体恢复至常温时，其内部的生化反应又可恢复正常。

二、实验材料、试剂及用品

1. 材料

接种 S-180 瘤细胞于腹腔后约 1 周的荷瘤小鼠（接瘤方法见附录二）。

2. 试剂

（1）RPMI1640 基础培养液。粉状或液体，直接购买。

（2）小牛血清。$56℃$ 水浴灭活 30min。

（3）RPMI1640 完全培养液。

基础培养液	80%
小牛血清	20%

（4）冷冻保护剂 1。含 10% 甘油的冷冻保护剂，配制方法：

无菌 RPMI1640 完全培养液	90%
甘油	10%

注意：甘油用前需高压灭菌。

（5）冷冻保护剂 2。含 10% DMSO 的冷冻保护剂，配制方法：

无菌 RPMI1640 完全培养液	90%
DMSO	10%

注意：DMSO 有毒，配制时要戴手套。

（6）0.4% 的台盼蓝生理盐水溶液。配制方法见附录一。

3. 用品

普通低温冰箱、$-80\sim-70℃$ 超低温冰箱、10mL 低速离心机、恒温水浴锅（$37℃$）、血细胞计数板、细胞冻存管、Parafilm 封口膜、细胞冻存盒、$1000\mu L$ 和 $10\mu L$ 移液枪及对应枪头、计数用盖玻片等。

三、实验步骤

1. 采集腹水瘤细胞

方法见附录二，用生理盐水调浓度为 5×10^6 个 /mL。

2. 冻存操作

按表 2-1 设计进行实验。目的是，比较在含甘油冷冻保护剂中于 $4℃$、$-20℃$ 和

−80℃或液氮条件下保存细胞的效果差异，以及在RPMI1640完全培养液和两种冷冻保护剂中于−80℃条件下保存的效果。

表2-1　细胞冻存实验设计

	4℃	−20℃	−80℃或液氮
RPMI1640完全培养液			1
含10%甘油的冻存液	1	1	1
含10%DMSO的冻存液			1

（1）离心收集细胞。1500r/min离心5～8min，弃上清。

（2）加冷冻保护剂及对照培养液。按表2-1设计分别向各管加入RPMI1640完全培养液和不同种类的冷冻保护剂，用吸管吹打重悬混匀细胞。

（3）每只冻存管加液0.5mL或1mL分装细胞悬液，旋上管盖。

（4）封口。将Parafilm封口膜裁剪成约1cm宽、3cm长的细条，将其一端平放按压在冻存管盖的缝隙上，逐渐撕拉Parafilm膜，沿缝隙缠绕，封闭冻存管盖与管壁之间的缝隙。

（5）写标签。在管壁和管盖上分别写上标签，标注冻存物名称、时间等信息。

（6）冻存。将冻存管放置于冻存盒中，依次进行以下各步处理（遵循缓冻原则）：4℃冰箱20～30min；−20℃冰箱20～30min；−80℃冰箱中3h；之后将冻存管转移至液氮罐中（操作见"视频6　贴壁细胞的传代与冻存"）。

液氮冻存前，先戴好防冻手套、护目镜；冻存时，先将液氮罐盖打开，头偏向一侧取出内塞，然后拎出一排冻存架，倾斜倒出液氮，待大部分盒内液氮流出后再完全拎出冻存架放置于地面；用镊子打开冻存架封条，再取出冻存盒，快速将来自−80℃冰箱中的冻存管逐支转入液氮罐中的冻存盒；然后将冻存盒放回冻存架，重新插上封条放回液氮罐。注意：当提手控制冻存架沉入液氮罐时，在液氮罐口稍作停留1～2min，再缓慢下沉至液氮罐底部的液氮中；盖好液氮罐盖，将液氮罐放置在阴凉处。

3.复苏操作

（1）复温。先后取出装有不同处理细胞的冻存管，立即置37℃水浴中，快速晃动1～2min，至冻存液完全溶解。室温放置30min再按下面步骤进行。

（2）洗除冷冻保护剂。立即洗除冷冻保护剂或室温放置30min后再洗除保护液。做法：将细胞悬液转入10mL带盖离心管中；向其中加入约5mL培养液，轻轻吹打混匀；1500r/min离心5min，弃上清液。

（3）重悬细胞。加入1mL RPMI1640完全培养液，重悬细胞。

（4）检查细胞活率。用台盼蓝染料排除法检查细胞存活率。方法见实验16。

四、注意问题

（1）塑料冻存管在使用前要仔细检查，以防管壁破裂或螺口不配套造成密封不严。

（2）用DMSO作为冷冻保护剂时，用前应先将冻存液在4℃预冷，解冻后应马上洗去保护剂。

（3）如用液氮冻存，在液氮罐存取细胞样品时要注意防护，以免冻伤。放细胞时最好戴布手套防护手，打开液氮罐时头应偏向一边防护脸；加液氮时要全面防护好眼、手、脚等身体暴露部位；打开液氮罐时要慢，防止液氮突然气化太多而喷出。可先开一个小口，待气跑出一部分后再逐渐开大。

（4）在液氮罐放置样品时应间隔一定距离，系线要沿罐口顺序摆放，以免互相缠绕取拿不便。

（5）液氮量要经常检查，如发现液氮挥发一半时要及时补充。

（6）二甲基亚砜有剧毒，使用时要特别注意。此外，在冻存前越晚加入细胞越好，解冻后要尽快除去，以避免对细胞的毒害。

五、作业与思考题

（1）比较细胞在培养液和两种不同冷冻保护剂中冻存的效果。

（2）比较在两种不同的冷冻保护剂中室温放置不同时间对细胞活率的影响。

六、参考文献

李柳，厚光辉，吴静. 2012. 传统及改良纱布包裹冻存法对人血管内皮细胞保护的比较［J］. 中国组织工程研究，16（5）：867-870.

薛庆善. 2001. 体外培养的原理与技术［M］. 北京：科学出版社.

实验 29 动物外周血细胞培养及染色体制备实验

常规制备人类或大动物染色体标本片的材料为培养的血细胞。方法是：用加有丝裂原的培养基培养全血，其中的淋巴细胞在丝裂原刺激下进入细胞分裂周期；收集血细胞并裂解其中红细胞后用滴片法即可制备动物来源的染色体标本。

一、实验原理

外周血淋巴细胞表面有丝裂原受体，当在培养液中加入丝裂原 PHA（植物血凝素）时，可与 T 淋巴细胞表面的相应受体结合使其母细胞化并增殖。

二、实验材料、试剂及用品

1. 材料

肝素抗凝人或其他动物全血。采血方法：先将注射器中吸入 0.1mL 180IU/mL 肝素钠溶液，静脉采血 5mL。

2. 试剂

（1）RPMI1640 基础培养液。粉剂或溶液，直接购买。

（2）小牛血清（灭活）。56℃水浴灭活 30min。

（3）肝素钠溶液（180IU/mL）。

（4）青霉素贮存液。用无菌水配成 5 万 IU/mL，分装于 EP 管，−20℃冻存。

（5）链霉素贮存液。用无菌水配成 5 万 μg/mL，分装于 EP 管，−20℃冻存。

（6）D-Hanks 液。配制方法见附录一。

（7）PHA。用 D-Hanks 液配成 2mg/mL 的溶液。

（8）5% $NaHCO_3$。

（9）1mol/L 盐酸。

（10）2% 碘酒棉球。

（11）75% 酒精棉球。

3. 用品

纯水设备、电热干燥箱、高压蒸汽灭菌锅、超净工作台、CO_2 培养箱、托盘天平、10mL 离心机、恒温水浴锅（37℃）、酒精灯、超过滤器及 0.22μm 滤膜、25mL 细胞培养瓶、10mL 离心管、胶头吸管等。

三、实验步骤

（1）配制 RPMI1640 完全培养液（如下所示），调 pH 至 6.8～7.2。

RPMI1640 基础培养液	90%
小牛血清	10%
肝素钠溶液（180IU/mL）	3.6IU/mL
PHA（2mg/mL）	80μg/mL
青霉素	100IU/mL
链霉素	100μg/mL

（2）过滤培养液。0.22μm 滤膜过滤除菌。

（3）分装培养液。每个 25mL 细胞培养瓶装 5～6mL 培养液。

（4）培养血细胞。向加有培养液的培养瓶中加入 0.3mL 无菌抗凝血，置 37℃ 5% CO_2 培养箱中培养 70h 时加入秋水仙素，使终浓度达 0.1μg/mL，继续培养 2h。

（5）收集培养的血细胞。将培养瓶按培养时的摆放方式放在实验台上，先水平摇动培养瓶使沉淀的细胞悬起，然后用胶头吸管将细胞悬液转入 10mL 离心管；给培养瓶中另加 2～3mL 生理盐水，用胶头吸管反复吸取生理盐水充分冲洗有细胞的一侧壁，使贴附的淋巴细胞脱落；将冲洗液转入装有培养血细胞的离心管中。

（6）染色体制备。方法见实验 18。

四、注意问题

（1）采血及血细胞培养用试剂、容器均应预先消毒。

（2）采血及血细胞培养操作严格无菌，避免微生物污染。

（3）收集尽量多的淋巴细胞。

（4）滴片法制备染色体标本的注意事项同实验 18。

五、作业与思考题

如不给培养液中加 PHA，淋巴细胞会出现增殖反应吗？

六、参考文献

陈伟平，赵淑娟，庞有志，等. 2008. 伏牛白山羊染色体核型分析［J］. 黑龙江畜牧兽医，5：13-15.

潘英树，李梅，张嘉保，等. 2005. 草原红牛染色体核型与 C 带分析［J］. 黄牛杂志，31（3）：6-8.

乔守怡. 2008. 遗传学分析实验教程［M］. 北京：高等教育出版社.

薛庆善. 2001. 体外培养的原理与技术［M］. 北京：科学出版社.

第三节 细胞增殖及细胞活力检测实验

细胞增殖和细胞活力（cell viability）是细胞研究者经常需要检测的项目。用于研究某些细胞本身的增殖特性、生长因子和毒性物质对细胞增殖及活力的影响等。因此，将该类实验列入细胞生物学实验课教学内容很有实践意义。

反映细胞增殖最直接的方法为简单计数法。该法简单，用于快速分裂的细胞如细菌也是可行的。缺点是敏感度低，不能反映细胞分裂前 DNA 复制的变化，一般不用于真核细胞增殖检测。

^{3}H-TdR（氚标记的胸腺嘧啶核苷）掺入法很敏感，能够显示 DNA 的复制情况，缺点是存在同位素污染及危害问题，限制了其应用。

目前普遍应用的检测方法是噻唑盐比色法，是一类通过检测细胞代谢活性间接反映细胞增殖的方法。普遍原理是，活细胞的线粒体酶能够将噻唑盐转换成水溶性产物或水不溶有色沉淀，活细胞数量越多，形成的有色水溶性产物及沉淀越多，通过直接比色或溶解沉淀再比色，就可反映细胞数量，继而反映细胞增殖、增殖抑制或细胞毒作用。依所使用的噻唑盐种类不同，具体检测方法有：MTT（二甲基噻唑二苯基四唑溴盐）法、XTT 法、MTS 法、CCK-8（cell counting kit-8）法、WST-1 法及 WST-8 法等。这些方法操作简单、使用安全、检测灵敏度高，因而广泛应用于生物学和医学研究的多个领域。其中的 MTT 法建立最早且目前依然应用最广，也是我国药典和美国药典收录的方法。优点是，方法成熟、检测成本低；缺点是，MTT 被还原形成的有色产物为沉淀，需要溶解后才能比色，检测结果受到沉淀溶解效果的影响，检测用时也较长。其他几种方法所用噻唑盐为水溶性的，由日本同仁化学研究所、Sigma 公司等近几年新开发出来。这些方法无需溶解甲臜（formazan）就可直接比色，比 MTT 法应用相对方便、省时，缺点是检测成本偏高。其中的 CCK-8 法因为检测试剂水溶性更强、更易于保存且检测灵敏度更高而应用最多。

▦ 拓展阅读文献

Meerloo JV, Kaspers GJL, Cloos J. 2011. Cell sensitivity assays: the MTT assay [J]. Humana Press, 731: 237-245.

Sylvester PW. 2011. Optimization of the tetrazolium dye (MTT) colorimetric assay for cellular growth and viability [J]. Methods Mol Biol, 716: 157-168.

Vegaavila E, Pugsley MK. 2011. An overview of colorimetric assay methods used to assess survival or proliferation of mammalian cells [J]. Proc West Pharmacol Soc, 54 (54): 10-14.

Wang S, Yu H, Wickliffe JK. 2011. Limitation of the MTT and XTT assays for measuring cell viability due to superoxide formation induced by nano-scale TiO_2 [J]. Toxicology in Vitro, 25 (8): 2147-2151.

实验 30　MTT 比色法检测细胞增殖与活力

一、实验原理

MTT 即 3-（4,5- 二甲基噻唑 -2）-2,5- 二苯基四氮唑溴盐。MTT 法检测细胞增殖与活力的原理是：活细胞的线粒体脱氢酶可以还原黄色的 MTT 溶液为紫色甲臜颗粒，沉积在细胞中；用 DMSO 等试剂溶解甲臜后的溶液在一定波长下检测的吸光值与活细胞数量及代谢活性成正比。

二、实验材料、试剂及用品

1. 材料

腹腔接种 S-180 腹水瘤细胞 1 周的荷瘤小鼠，接瘤方法见附录二。

2. 试剂

（1）RPMI1640 完全培养液。配制方法见附录一。

（2）0.01mol/L、pH7.4 的 PBS 缓冲液。配制方法见附录一。

（3）5mg/mL 的 MTT 溶液。称取 MTT 粉末（Sigma）0.10g，溶于 20mL PBS 中，0.22μm 滤膜过滤除菌，4℃避光保存。

（4）细胞裂解液。盐酸 - 异丙醇裂解液：量取盐酸 14mL、Triton X-100 溶液 50mL，加异丙醇至 500mL。

3. 用品

酶标仪、CO_2 培养箱、小剪刀、镊子、10mL 带盖刻度离心管、96 孔培养板、100μL 移液枪及对应枪头、血细胞计数板等。

三、实验步骤

（1）收集小鼠腹水瘤细胞。无菌抽取荷腹水瘤小鼠腹水（内含大量腹水瘤细胞），方法见附录二。

（2）离心除腹腔液。取 1mL 细胞悬液，1500r/min 离心 5min 沉淀细胞。

（3）洗涤细胞。向细胞沉淀中加入 5mL RPMI1640 完全培养液重悬细胞，留取少量样品（约 0.2mL）用于计数，其余样品于 1500r/min 离心 5min，弃上清。

（4）细胞计数及调整浓度。先用 RPMI1640 完全培养液将腹水瘤细胞浓度分别调整为 $8×10^7$ 个 /mL、$8×10^6$ 个 /mL、$8×10^5$ 个 /mL、$8×10^4$ 个 /mL，然后分别倍比稀释成系列浓度。

（5）加样。将不同浓度的细胞悬液按每孔 100μL 分别加入 96 孔培养板，每浓度 3 个重复孔。

（6）加 MTT 反应。每孔加 MTT 溶液 20μL，混匀，在 37℃ 5% CO_2 条件下培养 4～5h。

（7）溶解甲䐕。每孔加入 100μL 细胞裂解液，混匀。

（8）比色。放入酶标仪，在波长 570nm 处测定吸光度（使用方法见"视频 12 Bio-Rad iMark 型酶标仪的使用"）。另外，要再设置 3 个空白对照孔，内含：100μL 细胞培养液＋20μL MTT＋100μL 细胞裂解液。每孔 OD 值：OD＝实测 OD 值－空白对照孔 OD 平均值。

（9）以细胞浓度为横坐标，OD 值为纵坐标绘制关系曲线，观察 OD 值与细胞浓度之间的关系。

四、注意问题

（1）加裂解液之前的操作均应在无菌条件下进行。

（2）不同小鼠腹腔繁殖的腹水瘤细胞活性可能不同，实验时同一个学生应该用相同小鼠来源的腹水瘤细胞进行检测。

（3）腹水瘤细胞中往往混入了少量的小鼠血细胞，其中的白细胞也具有代谢该类物质的活性，计数细胞时应将其计算在内，否则会导致检测本底提高而影响实验结果。

（4）应完全溶解甲䐕并且尽量避免溶解过程中气泡的产生。

五、作业与思考题

（1）细胞浓度与 MTT 法测定值之间关系如何？

（2）影响 MTT 法检测结果可靠性的主要因素有哪些？

六、参考文献

国家药典委员会．2012．中华人民共和国药典［M］．北京：中国医药科技出版社．

侯春梅，李新颖，叶伟亮，等．2009．MTT 法和 CCK-8 法检测悬浮细胞增殖的比较［J］．军事医学科学院院刊，33（4）：400-401．

实验 31　CCK-8 法检测细胞增殖与活力

一、实验原理

CCK-8 即 cell counting kit-8，该试剂中含有 WST-8［其化学名称为：2-（2- 甲氧基 -4- 硝基苯基）-3-（4- 硝基苯基）-5-（2，4- 二磺酸苯）-2H- 四唑单钠盐］，它在电子载体 1- 甲氧基 -5- 甲基吩嗪硫酸二甲酯（1-methoxy PMS）的作用下被细胞线粒体中的脱氢酶还原为具有高度水溶性的黄色甲䐕，其量与活细胞的数量成正比。使用酶标仪在 450nm 波长处测定溶液 OD 值，可间接反映活细胞数量，进行细胞增殖与毒性分析。

二、实验材料、试剂及用品

1. 材料

腹腔接种 S-180 腹水瘤细胞 1 周的荷瘤小鼠，接瘤方法见附录二。

2. 试剂

（1）RPMI1640 完全培养液。配制方法见附录一。

（2）0.01mol/L、pH7.4 的 PBS 缓冲液。配制方法见附录一。

（3）CCK-8 试剂。日本同仁化学研究所产品。

3. 用品

酶标仪、CO_2 培养箱、小剪刀、镊子、10mL 带盖刻度离心管、96 孔培养板、100μL 移液枪及对应枪头、血细胞计数板等。

三、实验步骤

（1）细胞收集、洗涤、计数及加样同 MTT 法，见 MTT 法实验步骤（1）～（5）。

（2）加 CCK-8 试剂反应。每孔加 CCK-8 试剂 10μL，混匀，在 37℃ 5% CO_2 条件下培养。

（3）比色。分别于培养 1h、2h、3h、4h 用酶标仪检测溶液在波长 450nm 处的吸光度。

（4）以细胞浓度为横坐标，吸光值为纵坐标绘制关系曲线，观察吸光值与细胞浓度之间的关系。

四、注意问题

（1）加裂解液之前的操作均应在无菌条件下进行。

（2）不同小鼠腹腔繁殖的腹水瘤细胞活性可能不同，实验时同一个学生应该用相同小鼠来源的腹水瘤细胞进行检测。

（3）腹水瘤细胞中往往混入了少量的小鼠血细胞，其中的白细胞也具有代谢该类物质的活性，计数细胞时应将其计算在内，否则会导致检测本底提高而影响实验结果。

（4）测光密度时要另加两孔蒸馏水作为空白对照，测定结果：OD＝实测 OD 值－空白对照孔 OD 平均值。

五、作业与思考题

（1）细胞浓度与 CCK-8 法测定值之间关系如何？

（2）影响 CCK-8 法检测结果可靠性的主要因素有哪些？

六、参考文献

侯春梅，李新颖，叶伟亮，等．2009．MTT 法和 CCK-8 法检测悬浮细胞增殖的比较［J］．军事医学科学院院刊，33（4）：400-401.

金诚，宿连征，刘汉青，等．2012．四唑盐细胞活力指示剂研究进展［J］．化学试剂，34（4）：333-336，381.

石淙，万腊根．2012．细胞增殖的检测方法［J］．实验与检验医学，30（2）：153-155.

第四节 细胞黏附与迁移分析

恶性肿瘤是危害人类健康最严重的疾病之一。侵袭、转移行为是恶性肿瘤最本质的两大特性，是肿瘤患者治疗失败的主要原因，也是区分肿瘤良性或恶性的确切标准。肿瘤的侵袭及转移是肿瘤细胞与宿主细胞、细胞外基质之间一系列复杂的动态过程。

细胞黏附是肿瘤侵袭的基本条件，黏附过程贯穿于整个侵袭、转移过程中。以癌细胞的血源性散播为例，肿瘤细胞首先需要与靶器官的血管内皮细胞发生黏附；当癌细胞穿过血管壁至细胞外基质时，又与细胞外基质（包括基底膜）发生黏附；在靶器官内生长，需同实质细胞发生黏附。因此，改变肿瘤细胞的黏附能力就可能使肿瘤细胞转移潜能下降，甚至阻断肿瘤细胞的远处转移，达到治疗肿瘤的目的。

在肿瘤转移形成过程中，肿瘤细胞侵袭基底膜是一个重要环节。因此，降低肿瘤细胞的侵袭能力也是治疗恶性肿瘤的一个重要途径。

研究发现，肿瘤细胞主要通过其表面膜受体与基底膜及细胞外基质成分纤黏连蛋白（FN）、层黏连蛋白（LN）和Ⅳ型胶原黏附。Matrigel是从小鼠EHS肉瘤中提取的基质成分，含有LN、Ⅳ型胶原及接触蛋白和肝素硫酸多糖，能够在体外适当条件下形成与天然基质膜结构极为相似的膜结构。因此，现在常用其检测肿瘤细胞的黏附能力。Matrigel基质胶黏附方法简单、快速，可用于抗肿瘤侵袭药物的大规模筛选，以及检测不同肿瘤细胞、肿瘤细胞与同源正常细胞、细胞经过处理后的黏附性的改变等。

肿瘤细胞的侵袭能力一般用Transwell侵袭小室（Transwell chamber，Transwell insert）技术检测。Transwell侵袭小室技术利用Matrigel模拟天然基底膜结构，观察具有侵袭和迁移能力的细胞在趋化剂诱导下穿过多孔滤膜的情况。小室呈杯状，可放置在培养板的孔中，杯内称为上室，培养板孔称为下室，两室相通；上室内可铺聚碳酸酯（PET）或聚偏二氟乙烯（PVDF）微孔滤膜（常用孔径为8.0μm和12.0μm）。实验时将待测细胞接种在上室内，下室加入含有胎牛血清（FBS）或某些特定趋化因子的培养液，下室内培养液中的成分可以影响到上室内的细胞，从而可以研究下层培养液中的成分对细胞生长、迁移等的影响。但由于Transwell侵袭小室技术所用实验材料及试剂比较昂贵，也常用价格低廉、操作简单的划痕法代替。

■ 拓展阅读文献

Eccles SA, Box C, Court W. 2005. Cell migration/invasion assays and their application in cancer drug discovery [J]. Biotechnol Annu Rev, 11 (5): 391-421.

Justus CR, Leffler N, Ruiz-Echevarria M, et al. 2014. *In vitro* cell migration and invasion assays [J]. Journal of Visualized Experiments Jove, 88 (88): 10-24.

Kramer N, Walzl A, Unger C, et al. 2013. *In vitro* cell migration and invasion assays [J]. Mutation Research/Reviews in Mutation Research, 752 (1): 10-24.

Liang CC , Park AY, Guan JL. 2007. *In vitro* scratch assay: a convenient and inexpensive method for analysis of cell migration *in vitro* [J]. Nature Protocols, 2 (2) : 329-333.

Valster A, Tran NL, Nakada M, et al. 2005. Cell migration and invasion assays [J]. Methods, 37 (2): 208-215.

实验 32　肿瘤细胞黏附能力分析实验

一、实验原理

Matrigel 是从富含胞外基质蛋白的 EHS 小鼠肿瘤中提取出的基底膜基质，其主要成分有层黏连蛋白、Ⅳ型胶原、巢蛋白、硫酸肝素糖蛋白，还包含生长因子和基质金属蛋白酶等。在室温条件下，Matrigel 聚合形成具有生物学活性的三维基质，可促进上皮细胞、肝细胞、Sertoli 细胞、黑色素瘤细胞、血管内皮细胞、甲状腺细胞及毛囊细胞等的贴壁与分化。

用 Matrigel 基质胶包被孔板，细胞的黏附性越强，则单位时间内粘贴于铺有黏附分子板底的细胞数量越多，去除尚未贴壁的细胞后，应用计数法或测定 MTT 活力法便可反映不同细胞或不同处理的细胞黏附能力的差异。

二、实验材料、试剂及用品

1. 材料

HeLa 细胞。

2. 试剂

（1）含 10% 胎牛血清（FBS）的 RPMI1640 培养液。配制方法见附录一。

（2）Matrigel 基质胶。BD 公司。2.5mg/mL。−20℃下冷冻保存。

（3）含 0.1% BSA（牛血清白蛋白）的 RPMI1640 培养液。

（4）0.01mol/L PBS（pH7.2）。配制方法见附录一。

（5）5mg/mL 的 MTT 溶液。称取 MTT 粉末（Sigma）0.10g，溶于 20mL PBS 中，0.22μm 滤膜过滤除菌，4℃避光保存。

（6）DMSO。

3. 用品

超净工作台、CO_2 培养箱、酶标仪、96 孔细胞培养板等。

三、实验步骤

（1）处理细胞培养板。取 96 孔细胞培养板，每孔加入 Matrigel 100μL，4℃过夜，再置 37℃恒温箱中 1h。

（2）准备细胞。用含 10% FBS 的 RPMI1640 培养液常规培养 HeLa 细胞至对数生长期并用 0.25% 胰蛋白酶消化细胞（方法见实验 28）；1500r/min 离心 5min 弃上清，用含 0.1% BSA 的 RPMI1640 重悬细胞并调整密度为 $4×10^5$ 个 /mL。

（3）细胞黏附。给每个 Matrigel 处理过的孔中接种按步骤（2）准备的细胞悬液 100μL，设 6 个重复孔，同时设 6 孔作为参照。将培养板置 37℃ 5% CO_2 的饱和湿度培养箱中培养 90min。

（4）洗涤除去未黏附细胞。吸弃培养液，再用 PBS 液洗孔 3 次。每次加入 150μL PBS 液，静置 3min，甩掉液体。

（5）MTT 法检测细胞活力。向每孔加入 100μL RPMI1640 培养液和 20μL MTT 溶液（5mg/mL），将培养板置 37℃ 5% CO_2 的饱和湿度培养箱中培养 4h；吸弃含 MTT 的培养液，加入 150μL DMSO，振荡混匀 10min 左右，至无结晶；酶标仪 490nm 波长处测定吸光值（A），按如下公式计算细胞相对黏附率：

$$相对黏附率（\%）＝（A_{实验}/A_{对照}）×100$$

四、注意问题

（1）不同肿瘤细胞的黏附率不同，需选择不同的细胞接种密度和黏附孵育时间。
（2）注意洗涤方法，不要将黏附的细胞冲下来。

五、作业与思考题

细胞黏附能力分析实验除了用于肿瘤细胞分析外还可用于哪些种类的哺乳动物细胞？意义何在？

六、参考文献

贾海泉，蔺会云，徐元基，等．2008．Mag-1 对肿瘤细胞迁移、黏附和侵袭能力的影响及其作用机制的研究 // 中国抗癌协会，中华医学会肿瘤学分会．第五届中国肿瘤学术大会教育集［C］．北京：中国社区医师杂志社：190-205．

实验 33 检测肿瘤细胞侵袭能力的 Transwell 小室实验

一、实验原理

Transwell 小室底部铺 Matrigel 人工基底膜，然后在上室内接种经过饥饿培养（培养液中含血清较少）的待测细胞，下室加正常培养液（血清含量较高），经过一段时间后，具有侵袭能力的肿瘤细胞会穿过人工基底膜向营养成分高的下室移动，计数进入下室的细胞量可反映肿瘤细胞的侵袭、迁移能力。

二、实验材料、试剂及用品

1. 材料
小鼠黑色素瘤低转移性细胞株 B16F1 和高转移性细胞株 B16F10。
2. 试剂
（1）2.5mg/mL Matrigel（人工基底膜，黏附物）。
（2）含 0.5% FBS（胎牛血清）的 DMEM 培养液。
（3）含 0.2% FBS 的 DMEM 培养液。
（4）含 10% FBS 的 DMEM 培养液。
（5）0.25% 胰蛋白酶。

（6）0.01mol/L PBS（pH7.2）。配制方法见附录一。

（7）甲醇。

（8）吉姆萨染液贮存液。

（9）0.067mol/L 的 PBS。配制方法见附录一。

（10）吉姆萨染液应用液。用 0.067mol/L 的 PBS 1：20 稀释贮存液。

3．用品

CO_2 培养箱、超净工作台、Transwell 小室（含微孔滤膜）、24 孔细胞培养板、棉签、显微镜等。

三、实验步骤

（1）待检肿瘤细胞的制备。将 B16F1 细胞和 B16F10 细胞分别在含 0.5% FBS 的 DMEM 培养液中饥饿培养过夜；经胰酶消化后 1000r/min 离心弃去旧培养液，用含 0.2% FBS 的 DMEM 培养液重悬细胞，调浓度为 $2.5×10^5$ 个 /mL。

下面步骤见"视频 7　Transwell 实验"。

（2）Transwell 小室制备基底胶。①将 PVDF 微孔滤膜贴在 Transwell 小室中。②冰箱里取出 Matrigel 试剂放置于冰盒里，混匀后用微量移液枪吸取 30μL 放入预冷的 EP 管内，然后加入 150μL 预冷的无血清培养液进行 1：6 稀释。③吸取 60μL 稀释后的 Matrigel 滴加在 Transwell 小室的微孔膜上，避免产生气泡。④盖好板子放入 37℃培养箱等待 30min 使胶凝固，这时在微孔膜上形成了一层类似基底膜的凝胶。

（3）细胞侵袭实验。①将 Transwell 培养板放入超净工作台，用无菌镊子捏起 Transwell 小室，往小室的下室内注入 600μL 含有 10% FBS 的完全培养液（或含有特殊趋化成分的培养液），然后放回小室的上室（保证上室中间微孔膜能浸润）。注意：下层培养液和小室间常会有气泡产生，一旦产生，下层培养液的趋化作用就减弱甚至消失了。因此，在种板的时候要特别留心，一旦出现气泡，要将小室提起，去除气泡，再将小室放进培养板。②接种的细胞样品需提前准备好，用无血清培养液将密度调整至 $1×10^5$ 个 /mL，混匀后吸取 100μL 细胞悬液滴加到小室的上室里，轻轻晃动一下，让细胞悬液均匀铺在膜上。③盖好培养板放入 CO_2 培养箱，37℃培养 12h。

（4）穿膜细胞的检测。①取出 Transwell 小室，吸弃孔内的液体，然后用棉签轻轻擦拭除去小室内膜表面的细胞。②放入 PBS 溶液漂洗 2 遍，再放入甲醇固定 3min，最后放入 0.1% 结晶紫染色 20min 后水洗 3 遍。③显微镜下观察，每张孔膜选取 3 个视野可计数浸润的肿瘤细胞数。

四、注意问题

加入细胞悬液时应避免产生气泡，这是实验成败的关键。

五、作业与思考题

（1）细胞浸润之前，为什么要进行饥饿处理？

（2）计数时，怎样选取才能更客观地反映实验结果？

六、参考文献

冯仟佳，杨涛，解军，等. 2005. 不同浓度 NK4 对多种肿瘤细胞侵袭能力的影响［J］. 中国药物与临床，5（11）：834-836.

黄海力，王孟薇. 2006. 肿瘤浸润转移分子机制的研究进展［J］. 生物技术通讯，17（1）：84-87.

贾海泉，蔺会云，徐元基，等. 2008. Mag-1 对肿瘤细胞迁移、黏附和侵袭能力的影响及其作用机制的研究 // 中国抗癌协会，中华医学会肿瘤学分会. 第五届中国肿瘤学术大会教育集［C］. 北京：中国社区医师杂志社：190-205.

张秀英，邓方阁，王心蕊，等. 2006. Transwell 侵袭小室技术的改良及其在人骨髓间充质干细胞诱导分化中的应用［J］. 中国免疫学杂志，22（12）：1079-1082.

实验 34　肿瘤细胞迁移的划痕实验

一、实验原理

划痕实验（wound scratch assay）是在单层长满的细胞中间划痕去除部分细胞，过一段时间后，因为划痕外细胞迁移至划痕区而导致划痕宽度缩小，缩小的程度反映了细胞的迁移能力。

二、实验材料、试剂及用品

1. 材料

NIH-3T3 细胞。

2. 试剂

（1）无血清 DMEM 培养液。

（2）含 0.02% EDTA 的 0.25% 胰蛋白酶。配制方法见附录一。

（3）0.01mol/L PBS（pH7.2）。配制方法见附录一。

3. 用品

6 孔培养板、20μL 移液枪及枪头、倒置显微镜、CO_2 培养箱、记号笔、直尺等。

三、实验步骤

步骤见"视频 8　细胞划痕实验"。

（1）先用记号笔在 6 孔板或 24 孔板背后，用直尺均匀地划横线，每隔 0.5～1cm 一道，横穿过孔。每孔至少穿过 3 条线。

（2）将约 $5×10^5$ 个细胞接种于培养板，37℃ 5% CO_2 培养箱培养到细胞密度达 90% 左右。

（3）取出培养板，观察细胞铺满状态，然后放入超净工作台准备划痕处理。钢尺无菌处理后置于培养板上，用无菌 200μL 枪头比着直尺在单层细胞中央划痕，划时枪头要垂直，形成的划痕也要与背后的横线垂直。

（4）吸弃原培养液，加入 PBS 洗涤细胞 3 次，去除划下来的细胞残片。

（5）加入无血清培养基，将培养板放入 37℃ 5% CO_2 培养箱继续培养。

（6）分别于划痕后 0h、12h、18h 在显微镜下观察划痕的修复情况，通过测定划痕的宽度计算划痕修复率。

划痕修复率＝（修复前划痕宽度－修复后划痕宽度）/修复前划痕宽度 ×100%

四、注意问题

（1）细胞接种的具体数量因细胞生长速度不同而不同，一般应过夜能铺满。

（2）划痕法适用的细胞系很窄，一般只能用于上皮、纤维样细胞系。因为：①这些细胞本身有较强的迁移能力。②细胞有极性，方便测量、观察。③细胞对无血清培养基有较强的忍受力（至少 24h）。

五、作业与思考题

做划痕实验时为什么用无血清或低血清培养液？

六、参考文献

韩国胜，刘建民，岳志健. 2012. Leptin 促进人脑胶质瘤 U87MG 细胞的迁移和侵袭［J］. 中国肿瘤生物治疗杂志，19（2）：154-157.

薛琳，杨蕾，刘冰，等. 2014. 热休克蛋白 HSP27 抑制食管鳞癌细胞的侵袭转移能力［J］. 现代肿瘤医学，22（1）：11-15.

第五节　细胞的激活及信号转导分子检测

细胞信号转导是指细胞外信号分子作用于细胞受体（膜受体或胞内体）后引发细胞内的一系列生物化学反应以及蛋白质间相互作用，直至细胞生理反应所需基因开始表达、各种生物学效应形成的过程。

一般情况下，水溶性信号分子首先与胞膜受体结合，启动细胞内信号转导的级联反应，将细胞外的信号跨膜转导至胞内；脂溶性信息分子可进入胞内，与细胞质或核内受体结合，通过改变靶基因的转录活性，诱发细胞特定的应答反应。

与信号转导有关的物质包括受体、胞内激酶、胞内信使、转录因子等。受体是能够识别和选择性结合某种配体（信号分子）的大分子物质，多为糖蛋白，存在于细胞膜上或细胞核内，能接受外界的信号并将信号转化为细胞内的一系列生物化学反应，对细胞的结构或功能产生影响。细胞表面受体有三种：离子通道偶联受体、G 蛋白（GTP-binding protein）偶联受体和酶联受体（一般与蛋白激酶相连）。

胞内信使也称为第二信使（second messenger），是指信号分子与受体结合后，在细胞内产生的具有信息传递作用的一些小分子。其作用包括信号转换和信号放大。迄今得到公认的第二信使分子主要有：环磷酸腺苷（cAMP）、环磷酸鸟苷（cGMP）、三磷酸肌醇（inositol triphosphate，IP_3）、甘油二酯（diacylglycerol，DAG）、钙离子等。第二信使大多是通过激活 G 蛋白连接受体产生。第二信使产生后，一般认为主要是通过激活细胞质内的一些激酶将信号继续传递下去。

转录因子是一些 DNA 结合蛋白，能够和基因调控区的 DNA 结合增强启动子活性而使基因转录。一般存在于细胞质中，活化后进入核内直接调控某些基因表达。

信号转导过程中，信号转导蛋白活化一般表现为蛋白磷酸化、激酶活性水平升高；第二信使含量发生明显变化；转录因子的转录激活能力增强等。一般信号转导研究针对以下几个方面进行检测：①蛋白磷酸化，采用免疫印迹、免疫荧光等进行定性和定量分析。②激酶活性，采用激酶活性测定进行定性和定量分析（通常用到同位素 $\gamma\text{-}^{32}P$）。③转录因子转录活性，可通过检测报道分子表达对转录活性进行定性和定量分析。④转录因子与靶基因启动子相应的 DNA 调控元件的结合，通常采用凝胶阻滞电泳进行定性和定量分析。⑤蛋白泛素化，可利用免疫沉淀与免疫印迹结合进行定性和定量分析。⑥蛋白的细胞定位变化，可通过亚细胞组分分离技术，结合免疫荧光技术，用激光共聚焦显微镜进行检测观察。

▦ 拓展阅读文献

Aebersold R. 2001. A systematic approach to the analysis of protein phosphorylation [J]. Nature Biotechnology, 19 (4): 375.

Corrigan RM, Abbott JC, Burhenne H, et al. 2011. c-di-AMP is a new second messenger in *Staphylococcus aureus* with a role in controlling cell size and envelope stress [J]. Plos Pathogens, 7 (9): e1002217.

Johnson SA, Hunter T. 2005. Kinomics: methods for deciphering the kinome. Nature Methods, 2 (1): 17-25.

Kyriakis JM, Avruch J. 2012. Mammalian MAPK signal transduction pathways activated by stress and inflammation: a 10-year update [J]. Physiological Reviews, 92 (2): 689-737.

Shehzad Λ, Lcc YS. 2013. Molecular mechanisms of curcumin action: signal transduction [J]. Biofactors, 39 (1): 27-36.

Smale ST. 2010. Luciferase assay [J]. Cold Spring Harbor Protocols, 2010 (5): pdb. prot5421.

实验 35　利用钙离子荧光探针检测细胞内 Ca^{2+} 浓度

信号转导过程中，第二信使含量的高低同信号的传递密切相关。Ca^{2+} 作为第二信使能够特异性、选择性地调节细胞活动。测定亚细胞 Ca^{2+} 浓度的变化，对于监控许多生理活动，包括心肌的收缩性、突触传递、细胞分裂等都很重要。

现在常用 Ca^{2+} 荧光探针测定细胞内 Ca^{2+} 浓度。其他方法还有：原子吸收光度法和放射性同位素钙示踪法。但这些方法操作烦锁，受条件限制。

一、实验原理

Fluo-3AM 是一种可以穿透细胞膜的荧光染料。其本身荧光非常弱，且 Ca^{2+} 浓度不会影响其荧光强度。但其进入细胞后被细胞内的非特异酯酶剪切形成的 Fluo-3，对 Ca^{2+} 有很强的亲和力且与 Ca^{2+} 结合形成的复合物可以产生较强的荧光（比游离 Fluo-3 强

60～80 倍）。利用 Fluo-3AM 的这种特性，通过测定细胞相对荧光强度，再利用公式可以计算出细胞内 Ca^{2+} 浓度。在激发波长 488nm 和发射波长 525～530nm 处，可以避免血红蛋白和其他蛋白的吸光干扰。

二、实验材料、试剂及用品

1. 材料

人血。

2. 试剂

（1）肝素钠。用生理盐水配成 180IU/mL 的溶液。

（2）0.9% NaCl 溶液。

（3）孵育缓冲液。4- 羟基乙基哌嗪乙磺酸（Hepes）50mmol/L，NaCl 130mmol/L，KCl 5.4mmol/L，$CaCl_2$ 1.8mmol/L，$MgSO_4$ 0.8mmol/L，NaH_2PO_4 1.0mmol/L，葡萄糖 5.5mmol/L，pH7.4。

（4）洗涤液缓冲液（不含钙离子）。Hepes 50mmol/L，NaCl 130mmol/L，KCl 5.4mmol/L，NaH_2PO_4 1.0mmol/L，葡萄糖 5.5mmol/L，pH7.4。

（5）Fluo-3AM 贮存液。碧云天产品。5mmol/L，用无水 DMSO 配制，保存于 $-20℃$，6 个月有效。

（6）4-Br-A23187（离子载体，BIORAD 产品）。

3. 用品

荧光分光光度计、离心机、血细胞计数板等。

三、实验步骤

（1）准备细胞样品。肝素抗凝，采集人静脉血 2mL，室温 1000r/min 离心 10min 沉淀红细胞；弃上清，再用 4℃预冷的生理盐水洗细胞 3 次，每次加液 5mL，混匀后 1000r/min 离心 5min，弃上清；将细胞用孵育缓冲液重悬并调整浓度为 $2×10^7$ 个 /mL。

（2）荧光染色。向细胞悬液中边搅拌边滴入 Fluo-3AM 贮存液，使其终浓度达到 1～20μmol/L，20～37℃避光孵育 30min。

（3）除去胞外游离 Fluo-3AM。1000r/min 离心 10min，弃上清液；然后用洗涤缓冲液洗细胞 2 次，每次加液 5mL，混匀后 1000r/min 离心 5min，弃上清液。

（4）用冰预冷的洗涤缓冲液重悬细胞并调浓度为 $5×10^6$ 个 /mL，保存在冰水中。

（5）设定荧光分光光度计。激发波长 490nm，发射波长 526nm，slit（狭缝）宽度 10nm。

（6）测定吸光度值 F。取 100μL 红细胞悬液，加入 1.4mL 洗涤液缓冲液，混匀，37℃平衡 2min，加入到石英杯进行比色测定。

（7）测定 F_{max}。取 100μL 红细胞悬液，加入 1.4mL 洗涤液缓冲液，再加入 10μL 4-Br-A23187（3.8μmol/L），摇匀，37℃平衡 2min，加入到石英杯进行比色测定。

Ca^{2+} 浓度（nmol/L）计算：

$$[Ca^{2+}] = Kd × [(F-F_{min}) / (F_{max}-F) × (F_{max}-F) / (F_{max}-F_{min})]$$

式中，Kd＝316nmol/L，是 Fluo-3 与 Ca^{2+} 反应的解离常数；$F_{min}＝0$。

正常参考值范围：21.6～120.3nmol/L。

四、注意问题

（1）荧光染料均存在淬灭问题，请尽量注意避光，以减缓荧光淬灭。

（2）操作时应穿实验服并戴一次性手套防护。

（3）如果此实验用于信号诱导 Ca^{2+} 浓度升高，由于 Ca^{2+} 浓度变化很快，约几秒，因此，样品需单独测定。

五、作业与思考题

（1）加离子载体 4-Br-A23187 的作用是什么？

（2）采用该方法来检测细胞信号刺激后胞内 Ca^{2+} 的变化，应该如何设定对照组？

六、参考文献

石玉玲，习松. 2005. Fluo-3 荧光微量法测定人红细胞胞浆内游离钙离子浓度［J］. 检验医学，20（3）：290-291.

尹琪. 2006. 检测细胞内钙离子的条件优化［J］. 生物技术通讯，17（6）：927-928.

Celis JE. 2008. 细胞生物学实验手册 2（导读版）［M］. 北京：科学出版社.

Zhang Y, Kowal D, Kramer A, et al. 2003. Evaluation of FLIPR calcium 3 assay kit—a new no-wash fluorescence calcium indicator reagent [J]. Journal of Biomolecular Screening, 8 (5): 571-577.

实验 36　信号蛋白磷酸化水平检测实验

c-Jun 氨基末端激酶（c-Jun N-terminal kinase，JNK）家族是一类丝氨酸/苏氨酸蛋白激酶，也被称为应激活化蛋白激酶（stress-activated protein kinase，SAPK），是哺乳动物体内丝裂原活化蛋白激酶（mitogen-activated protein kinase，MAPK）超家族的一员。JNK 信号转导通路使细胞能对细胞外环境的变化做出反应，控制着细胞功能的多个方面，包括细胞的增殖、分化和死亡。因此，在神经退行性疾病、肿瘤、Ⅰ型糖尿病、慢性乙型肝炎、缺血再灌注损伤等多种疾病和病理损伤的发生发展中起重要作用。

在多种胞外刺激［如应激、自杀相关因子（Fas）、肿瘤坏死因子 α（TNF-α）等］诱导的细胞凋亡过程中，JNK 信号转导通路都发挥了作用。

一、实验原理

在 TNF-α 刺激下，JNK 蛋白很快被激活而发生磷酸化。裂解细胞蛋白电泳转膜后，用抗磷酸化 JNK 的抗体（一抗，为鼠源单抗）和膜上的磷酸化 JNK 反应，再用碱性磷酸酶标记的二抗（抗鼠 IgG 抗体）反应，然后用碱性磷酸酶的底物显色就可显示磷酸化 JNK 的存在与水平。

二、实验材料、试剂及用品

1. 材料

293T 细胞。

2. 试剂

（1）含 10% 小牛血清的 DMEM 培养液。配制方法见附录一。

（2）10μg/mL TNF-α。

（3）转膜缓冲液。Tris 碱 1.45g，甘氨酸 7.2g，甲醇 200mL，加去离子水至 1L。

（4）细胞裂解液。20mmol/L Tris·HCl，150mmol/L NaCl，1mmol/L EDTA，1% Triton X-100。

（5）考马斯亮蓝 G250 染液。

（6）0.01mol/L PBS（pH7.2）。配制方法见附录一。

（7）PBST（含 0.1% Tween-20 的 PBS）。800mL 蒸馏水中溶解 8g NaCl，0.2g KCl，1.44g Na$_2$HPO$_4$，0.24g KH$_2$PO$_4$，加 1mL Tween-20，调 pH 至 7.2，再补加蒸馏水至 1000mL，高压蒸汽灭菌。

（8）5% 脱脂奶粉溶液。用 PBST 配制。

（9）磷酸化 p-JNK 单克隆抗体。

（10）碱性磷酸酶（AP）标记的羊抗鼠 IgG 抗体。

（11）NBT/BICP 显色剂。

3. 用品

超净工作台、CO$_2$ 培养箱、细胞刮、离心机、蛋白质电泳及转膜装置等。

三、实验步骤

（1）培养细胞。用含 10% 新生牛血清的 DMEM 培养液将 293T 细胞调成浓度为 2.5×10^5 个 /mL，按每孔 2mL 接种于 6 孔板，使每孔有 5×10^5 个细胞，置 37℃ 5% CO$_2$ 培养箱中培养 24h。

（2）加 TNF-α 刺激细胞。向细胞培养孔中按 2μL/ 孔加入 TNF-α（终浓度：10ng/mL）激活细胞，另设不加 TNF-α 的细胞孔作为阴性对照。刺激 15min 后，用细胞刮收集细胞到 1.5mL EP 管中，2000r/min 离心 3min，弃上清。

（3）洗涤细胞。向细胞沉淀中加入 1mL PBS 液，1500r/min 离心 5min 弃上清。

（4）裂解细胞。向细胞沉淀中加入 100μL 细胞裂解液重悬细胞，冰上放置 20min。

（5）制备蛋白电泳样品。① 12 000r/min 离心 10min，将上清转入干净 EP 管中。②取 5μL，用考马斯亮蓝 G250 染液测定蛋白质浓度。③依据蛋白质浓度测定结果，将裂解液蛋白浓度调整为 1μg/μL。④将 30μL 蛋白溶液与 10μL 4× 蛋白上样缓冲液混合，煮沸 5min。

（6）SDS-PAGE 电泳。120V 电压，电泳 2h 左右。

（7）蛋白转膜。取下 SDS-PAGE 胶用半干式石墨转膜，恒压 10V，转膜 2h。

（8）免疫检测。①封闭。室温下，用 5% 脱脂奶粉溶液（PBST 配制）封闭 1h。②结合一抗。将膜浸入一抗（anti-pJNK）溶液（用含 5% 脱脂奶粉的 PBST 溶液 1∶500

稀释），室温下缓慢摇动（70r/min）2h或4℃冰箱反应过夜。③洗涤除去未结合的一抗：用PBST洗膜4次，每次5min。④结合二抗：将膜浸入碱性磷酸酶（AP）标记的二抗溶液（用含5%脱脂奶粉的PBST溶液1∶1000稀释），室温下缓慢摇动（70r/min）孵育45～60min。⑤用PBST洗膜4次，每次5min；再用PBS洗膜2～3次，去除膜表面的Tween-20。⑥加AP底物显色：按试剂要求稀释NBT/BICP显色剂，将膜用反贴法覆于NBT/BICP溶液上，避光显色。显色20s后每10s观察一次，至条带明显时，将膜揭起，在去离子水中漂洗去除显色液后放滤纸上晾干。

（9）结果观察。对比刺激前后细胞中磷酸化JNK蛋白的水平变化。

四、注意问题

（1）抗体的使用需要摸索合适的稀释度，尽量降低背景。

（2）如果出现多条带，则需要核对分子质量的大小来判断目的蛋白的位置。

五、作业与思考题

信号蛋白的响应程度应该与其总蛋白质进行比较，如果想要定量分析还需要检测哪些蛋白质？

六、参考文献

郭媛媛，崔健，侯春梅，等. 2011. 组成性JNK活化促进B淋巴瘤细胞增殖［J］. 中国实验血液学杂志，19（1）：100-104.

侯炳旭，冯丽英. 2011. JNK信号通路介导的凋亡在疾病中的作用［J］. 世界华人消化杂志，19（7）：1819-1825.

孙大业，崔素娟，孙颖. 2010. 细胞信号转导［M］. 4版. 北京：科学出版社.

实验37 转录因子NF-κB活性检测实验

转录因子（transcription factor）是转录起始过程中RNA聚合酶所需的辅助因子。真核生物RNA聚合酶自身无法启动基因转录，只有当转录因子（蛋白质）结合在其识别的DNA序列上后，基因才开始转录和表达。

核因子κB（nuclear factor-kappa B，NF-κB）是一种重要的转录因子，活化后可启动多种免疫相关分子基因的转录，参与调控机体免疫应答、炎症反应等多种生理病理过程。

NF-κB在细胞内通常处于不活化状态，细菌脂多糖（LPS）等刺激表面有相关受体的细胞后，刺激信号在胞内转导，最后可使NF-κB活化，继而活化包括致炎因子TNF-α、IL-1等在内的一系列基因的转录表达。

一、实验原理

pNF-κB-luc是人工构建的、用于高灵敏度地检测转录因子NF-κB活性水平的报告基因质粒载体。该载体上携带有荧光素酶报告基因和NF-κB结合位点序列。活化

NF-κB 可与载体上的相应序列结合，启动下游荧光素酶报告基因的转录与表达，产物催化其底物反应发出可以检测的荧光。

二、实验材料、试剂及用品

1. 材料

HeLa 细胞。

2. 试剂

（1）含 10% 小牛血清的 DMEM 培养液。配制方法见附录一。

（2）脂多糖（LPS）。

（3）0.01mol/L PBS（pH7.4）。配制方法见附录一。

（4）pNF-κB-luc 质粒。

（5）磷酸钙法细胞转染试剂盒。

（6）细胞裂解液。20mmol/L Tris·HCl，150mmol/L NaCl，1mmol/L EDTA，1% Triton X-100。

（7）荧光素酶检测试剂盒。

3. 用品

细胞培养板、CO_2 培养箱、多功能酶标仪等。

三、实验步骤

（1）培养细胞。用含 10% 小牛血清的 DMEM 培养液将 HeLa 细胞调成浓度为 4×10^5 个 /mL，按每孔 0.5mL 接种于 24 孔板，使每孔有 2×10^5 个细胞，置 37℃ 5% CO_2 的培养箱中培养 24h。

（2）转染 pNF-κB-luc 质粒。采用标准的磷酸钙法转染细胞（步骤略）。

（3）刺激细胞。转染后 24h，用 1～5μg/mL 不同浓度的 LPS 刺激细胞 4～6h，同时设置不加 LPS 的细胞孔作为阴性对照。

（4）收集细胞。倒掉培养液，用 PBS 洗涤细胞 1 次；另加 1mL PBS，用细胞刮收集细胞，2000r/min 离心 3min，弃上清。

（5）裂解细胞。将细胞沉淀重悬于 50μL 细胞裂解液中，冰上放置 20min。

（6）酶促反应。10 000r/min 离心 5min，取上清液 10μL，与荧光素酶检测试剂混匀，反应 10s。

（7）检测荧光。放入荧光检测仪中读数记录。

（8）数据分析。以阴性对照样品数值作为该体系的本底值，分析不同浓度 LPS 对 NF-κB 激活的程度。

四、注意问题

（1）细胞裂解液加入底物缓冲液后混匀的时间要控制好，基本上保持一致，否则带来人为误差较大。

（2）如果细胞刮不方便收集细胞，可采用胰酶消化法，但有时会引起非特异激活。

五、参考文献

孙静静, 邵军军, 常惠芸. 2011. NF-κB 免疫生物学作用的研究进展 [J]. 生物技术通报, 11: 63-69.

第六节　哺乳动物细胞转基因及表达检测

　　将外源基因转入受体细胞的技术是细胞工程的核心技术之一, 方法分为三大类: 化学方法、物理学方法、生物学方法。用于哺乳动物细胞转染的化学方法有磷酸钙沉淀法、阳离子脂质体法、聚阳离子法、DEAE 葡聚糖转染法等; 物理学方法有电穿孔法、显微注射法等; 生物学方法主要为病毒导入法。其中用于体外培养细胞的最常用方法为化学法中的脂质体法和聚阳离子法。

　　阳离子脂质体法的优点是基因转染效率高 (80%～90%), 且操作简便、结果重复性好。阳离子聚合物是新发展的阳离子试剂, 作用原理与阳离子脂质体相似, 除了具有阳离子脂质体的所有优点外, 还具有毒性低的优点。

　　外源基因在细胞内是否表达, 可用 SDS-PAGE (变性聚丙烯酰胺凝胶电泳) 蛋白电泳法、蛋白印迹法 (Western Blot)、酶联免疫吸附试验 (enzyme-linked immunosorbent assay, ELISA)、免疫细胞化学方法、免疫斑点法等。

　　SDS-PAGE 蛋白电泳法根据对表达蛋白的大小的了解, 电泳后考马斯亮蓝染色观察有无期望带出现, 检测与目标蛋白分子质量相同的蛋白条带是否存在, 初步判断有无目标蛋白的表达及水平。

　　蛋白印迹法 (Western Blot) 将 SDS-PAGE 的高分辨力与抗原抗体反应的特异性、敏感性相结合, 先通过 SDS-PAGE 使蛋白分开, 然后转移到硝酸纤维素 (NC) 膜或聚偏氟乙烯 (PVDF) 膜上, 再用标记的抗体与之反应, 检测有无特异条带出现以反映目标蛋白表达情况。

　　ELISA 是一种用酶标记的特异抗体检测细胞培养上清及细胞裂解物中目标蛋白表达情况的方法。一般用 96 孔微量反应板作为固相载体进行抗原抗体反应, 然后用酶的底物溶液显色, 根据显色情况反映标本中目标蛋白抗原存在情况。

　　免疫细胞化学方法是用荧光素、酶、发光物质、金属离子等标记的抗体原位显示细胞内蛋白的表达情况。常用方法有用荧光素标记抗体进行检测的免疫荧光法和用酶标记抗体进行检测的免疫酶细胞化学技术。

　　免疫斑点法是利用硝酸纤维素膜或醋酸纤维素膜作为固相支持物, 用酶标记抗体检测细胞培养上清及细胞裂解物中目标蛋白表达情况的方法。

　　上述这些方法中, 能够直观反映蛋白质在胞内表达情况的方法是免疫细胞化学方法, 对于任何一种基因表达产物, 只要有针对目标蛋白或其融合部分的可用抗体, 就能够进行其表达与否、表达水平、表达部位的检测。

■ 拓展阅读文献

Celis JE. 2008. 细胞生物学实验手册 4（导读版）［M］. 北京：科学出版社.

Ryoo SR, Kim YK, Kim MH, et al. 2010. Behaviors of NIH-3T3 fibroblasts on graphene/carbon nanotubes: proliferation, focal adhesion, and gene transfection studies [J]. Acs Nano, 4 (11): 6587-6598.

Sambrook J，Russell DW. 2008. 分子克隆实验指南［M］. 3 版. 黄培堂等，译. 北京：科学出版社.

实验 38　绿色荧光蛋白基因转染体外培养的小鼠成纤维细胞及表达检测

一、实验原理

pEGFP-C1 质粒携带加强型绿色荧光蛋白基因，用阳离子聚合物转染试剂将其转入小鼠成纤维细胞后，在细胞质表达绿色荧光蛋白。可用荧光显微镜直接观察蛋白表达情况或用免疫组化方法检测蛋白表达情况。

二、实验材料、试剂及用品

1. 材料

小鼠成纤维细胞。

2. 试剂

（1）D-Hanks 液。配制方法见附录一。高压蒸汽灭菌，冰箱 4℃保存。

（2）含 0.02% EDTA 的 0.25% 胰蛋白酶。配制方法见附录一。0.22μm 滤膜过滤除菌，冰箱 4℃保存。

（3）含 10% 小牛血清的 DMEM 培养液。配制方法见附录一。0.22μm 滤膜过滤除菌，冰箱 4℃保存。

（4）不含小牛血清的 DMEM 培养液。0.22μm 滤膜过滤除菌，冰箱 4℃保存。

（5）5mg/mL Sofast^{TM} 试剂。

（6）pEGFP-C1 质粒。

（7）0.01mol/L PBS。配制方法见附录一。高压蒸汽灭菌。

（8）兔子来源的 Anti-EGFP 抗体。

（9）罗丹明标记的抗兔 IgG 抗体。

（10）DAPI 染液。

（11）1% 脱脂奶粉。

3. 用品

荧光显微镜、24 孔板、无菌吸管、EP 管、10μL 及 200μL 移液器等。

三、实验步骤

（一）细胞准备

（1）待转染细胞的消化。用适量（刚好覆盖培养瓶／皿底部）0.25% 胰蛋白酶消化细胞 2～4min，至显微镜下看到细胞边缘收回、细胞变圆即可。可轻轻晃动瓶／皿，使酶液更好地作用。

（2）终止消化。按 1 : 5 的比例加入 DMEM 完全培养液终止消化。

（3）离散细胞。用吸管吸取培养液吹打培养瓶 / 皿底部使细胞脱离，用显微镜检查确保绝大多数（多于 90%）细胞脱离底部。

（4）收集细胞。将细胞悬液转入带盖离心管，1500r/min 离心 5min，弃上清，留细胞沉淀。

（5）细胞计数。向细胞沉淀加 2mL DMEM 完全培养液重悬细胞，计数并调整细胞浓度为 $8×10^4$ 个 /mL。

（6）重新接种。24 孔板每孔接种细胞悬液 1mL，细胞数 $8×10^4$ 个。

（7）细胞培养。37℃培养新接种的细胞，12h 后用于细胞转染（细胞布满底部 40%～50%）。

（二）基因转染

1. 待转染试剂的准备
一个 24 孔板每孔用量如下。

质粒 DNA：1μL 质粒 DNA 溶液（含质粒 DNA 1μg）＋30μL 无血清 DMEM 培养液。

转染试剂：2μL 梭华 -Sofast^{TM} 溶液（含聚阳离子试剂 10μg）＋30μL 无血清 DMEM 培养液。

将转染试剂加入质粒 DNA 中，边加边用旋涡振荡器混匀，室温静置 15min。

2. 转染

（1）弃细胞培养液，每孔加 0.5mL 含血清 DMEM 培养液。

（2）将 60μL 转染混合液加在培养的细胞中，轻轻摇动混匀。

（3）37℃培养 48h。

3. 结果观察

在基因转染 48h（或更长时间）后，用倒置荧光显微镜或激光共聚焦显微镜观察转染情况，阳性细胞发出明亮的绿色荧光，阴性细胞无荧光。激光共聚焦显微镜比倒置荧光显微镜更敏感，绿色荧光蛋白表达量不高时前者能观察到而后者不易见。计数 100 个细胞，求阳性细胞百分率。

4. 免疫荧光法检测表达蛋白

弃培养基，用预冷的 PBS 洗 3 遍；−20℃预冷的甲醇固定 2min，弃甲醇；70% 乙醇固定 5min，弃乙醇；PBS 洗 3 次，每次 5min，弃 PBS；用 1% 的脱脂奶粉封闭 30min，弃封闭液；加 Anti-EGFP 抗体溶液室温孵育 2h，弃一抗；封闭液洗 3 次，每次 5min；加罗丹明标记的山羊抗兔 IgG 抗体室温作用 1h，弃二抗；PBS 洗 3 次，每次 5min，弃 PBS；再加浓度为 0.15mg/mL 的 DAPI 室温染色 2min，弃 DAPI 染液；PBS 洗 3 次，每次 5min；荧光显微镜观察。

四、注意问题

（1）DNA 纯度要高，应当无蛋白质、RNA 和化学试剂污染，OD_{260}/OD_{280} 应在 1.8

以上，否则会影响转染效率。

（2）转染用细胞种类、活性和密度都会影响转染效率。已建系的细胞比原代培养细胞应用效果好；待转染细胞要求处于旺盛分裂期、相互之间留有少量空隙，这样的细胞转染率高。原因是，分裂旺盛的细胞对转染试剂的毒性作用抵抗能力强、对外源 DNA 摄取能力强；少量空隙可给分裂细胞提供空间。

（3）影响阳离子聚合物法转染成功的主要因素有：脂质体和质粒 DNA 的浓度及比例、阳离子聚合物 -DNA 复合物的孵育时间。转染前应系统检测这些参数以获得最佳转染率。

五、作业与思考题

如果表达的不是荧光蛋白，怎样检测基因转染效果及表达水平？

六、参考文献

刘君，耿慧武，陈应炉，等. 2012. 人 COX6B1 在哺乳动物细胞株中转染表达与定位的初步研究 [J]. 安徽医科大学学报，47（3）：279-282.

杨天赐，陈明桥，黄革玲. 2004. 新一代阳离子聚合物转染试剂（梭华 -Sofast）转染效果研究 [J]. 厦门大学学报（自然科学版），43（4）：572-577.

第七节　细胞周期调控及检测

细胞周期（cell cycle）是指由细胞分裂产生新细胞的生长开始到下一次细胞分裂形成子细胞结束为止所经历的过程。细胞周期分为两个大的时期：间期（inter phase）和分裂期（mitoic phase，M）。间期很长，分裂期很短。间期又分为 G_1 期（gap1 phase）、S 期（synthetic phase）和 G_2 期。

体内不同细胞所处的分裂状态不同，有的为持续分裂细胞，一直重复细胞周期，如性细胞和造血干细胞；有的永久性失去了分裂能力，如红细胞、神经细胞、肌细胞等；有的暂时处于不分裂的静止状态，但在某些因素诱导下又会进入细胞分裂周期，如成熟淋巴细胞、肝细胞等。

通过对体外培养细胞的研究发现，处于细胞周期不同阶段的细胞，形态、生化特点及对环境因素的敏感性均有差异。因此，人为调控细胞周期，对于从理论上研究细胞周期的不同特点，以及进行植物多倍体诱导、抗肿瘤研究和临床应用都有重要意义。

在通常情况下，群体中的细胞处于不同的细胞周期时相之中。为了研究某一时相细胞的代谢、增殖、基因表达或凋亡，常需采取一些方法使细胞处于细胞周期的同一时相，这就是细胞同步化（synchronization）技术。细胞同步化可用于植物多倍体诱导、肿瘤治疗、基因转染、染色体显带及中期染色体分离等多个方面。

自然界各种生物的染色体数目是相对恒定的，这是物种的重要特征。遗传学上把一个配子的染色体数，称为染色体组（或称基因组），用 n 表示。一个染色体组内每条染色体的形态和功能各不相同，但又互相协调，共同控制生物的生长和发育、遗传和变异。不同生物的细胞核内可能具有一个或一个以上的染色体组，凡是细胞核中含有一套完整染色体组的就称作单倍体，也用 n 表示。具有两套染色体组的生物体称作二倍体，以 $2n$ 表示。细胞内多于两套染色体组的生物体称为多倍体，这类生物细胞内染色体数目的变化是以染色体组为单位进行增减的，所以称作整倍体。多倍体普遍存在于植物界，目前已经知道被子植物中约有 1/3 或更多的物种是多倍体。多倍体可以自然发生，也可用物理（高低温、X 射线、嫁接和切断等）或化学（药物）方法人为诱导。其中，以化学药物诱导最为有效、可靠，秋水仙素、异生长素、富民农等药物都可以诱发多倍体，但以秋水仙素效果最好，应用最为广泛。诱导多倍体的方法已经成功地应用于植物育种，三倍体西瓜、三倍体甜菜、八倍体小黑麦等已在生产上得到广泛应用。用人工方法诱导的多倍体，具有一般二倍体所没有的优良经济性状，如粒大、穗长、抗病性强等。

在肿瘤治疗中，同步化肿瘤细胞对放疗及某些药物化疗的敏感性增强。目前，获得同步化细胞的方法有药物抑制法、温度休克法、营养饥饿法、流式细胞分选法等。选用DNA 合成抑制剂可逆地抑制 S 期细胞 DNA 合成而不影响其他细胞周期运转，最终可将细胞群体阻断在 G_1/S 期交界处；一些抑制微管聚合的药物，因抑制有丝分裂装置的形成和功能行使，可将细胞阻断在有丝分裂中期。

对于细胞周期的检测，传统方法为形态学方法，比较新的方法为流式细胞仪检测。

■■ 拓展阅读文献

Davis PK, Ho ADowdy SF. 2001. Biological methods for cell-cycle synchronization of mammalian cells [J]. Biotechniques, 30 (6): 1322-1326.

Hang H, Fox MH. 2004. Analysis of the mammalian cell cycle by flow cytometry [J]. Methods in Molecular Biology, 241: 23-35.

Jackman J, O'Connor PM. 2011. Methods for synchronizing cells at specific stages of the cell cycle [J]. Current Protocols in Cell Biology, Chapter 8: Unit 8. 3.

Rosner M, Schipany K, Hengstschläger M. 2013. Merging high-quality biochemical fractionation with a refined flow cytometry approach to monitor nucleocytoplasmic protein expression throughout the unperturbed mammalian cell cycle [J]. Nature Protocols, 8 (3) : 602-626.

Satyanarayana A, Kaldis P. 2015. Mammalian cell-cycle regulation: several Cdks, numerous cyclins and diverse compensatory mechanisms [J]. Oncogene, 28 (33): 2925-2939.

Vassilev LT. 2006. Cell cycle synchronization at the G_2/M phase border by reversible inhibition of CDK1 [J]. Cell Cycle, 5 (22): 2555-2556.

实验 39　利用流式细胞术分析细胞周期时相

一、实验原理

细胞周期各时相的 DNA 含量不同，正常细胞的 G_1/G_0 期具有二倍体细胞的 DNA 含量（$2n$），G_2/M 期具有四倍体细胞的 DNA 含量（$4n$），S 期的 DNA 含量介于二倍体和四倍体之间。

用 70% 的冷乙醇或其他试剂使细胞膜的通透性增加后，荧光染料 PI（即碘化丙啶）可进入细胞并与细胞内的 DNA 和 RNA 结合，用 RNA 酶消化掉 RNA 后，则只剩下 DNA 与 PI 结合，DNA 含量决定了结合 PI 的量。因此，通过流式细胞仪检测到的 PI 荧光强度直接反映了细胞内 DNA 含量的多少，并以此区分为 G_1/G_0 期、S 期和 G_2/M 期细胞，结合特殊软件可计算各时相的百分率。

二、实验材料、试剂及用品

1. 材料

（1）人或鸡外周血淋巴细胞。

（2）腹腔接种 S-180 腹水瘤细胞 1 周的荷瘤小鼠，接瘤方法见附录二。

2. 试剂

（1）180IU/mL 肝素钠生理盐水溶液。0.22μm 滤膜过滤除菌。

（2）D-Hanks 液。配制方法见附录一。高压蒸汽灭菌。

（3）人淋巴细胞分离液。直接购买。

（4）RPMI1640 基础培养液。直接购买。

（5）小牛血清。56℃灭活 30min。

（6）青霉素贮存液。用无菌水配成 5 万 IU/mL，分装于 EP 管，−20℃冻存。

（7）链霉素贮存液。用无菌水配成 5 万 μg/mL，分装于 EP 管，−20℃冻存。

（8）PHA。用 D-Hanks 液配成 2mg/mL 的溶液。

（9）RPMI1640 完全培养液（如下所示），调 pH 至 6.8～7.2，0.22μm 滤膜过滤除菌。

RPMI1640 基础培养液	90%
小牛血清	10%
肝素钠溶液（180IU/mL）	3.6IU/mL
PHA（2mg/mL）	80μg/mL
青霉素	100IU/mL
链霉素	100μg/mL

（10）5% $NaHCO_3$。

（11）1mol/L 盐酸。

（12）2% 碘酒棉球。

（13）75% 酒精棉球。

（14）70% 乙醇。4℃预冷。

（15）RNase-A。10mg/mL，−20℃保存。

（16）1mg/mL PI 染液。避光保存于 −20℃。

（17）0.01mol/L PBS（pH 7.4）。配制方法见附录一，4℃预冷。

3. 用品

流式细胞仪、旋涡振荡器、纯水设备、电热干燥箱、高压蒸汽灭菌锅、超净工作台、CO_2 培养箱、普通低温冰箱、倒置相差显微镜、托盘天平、10mL 离心机、酒精灯、超过滤器及 0.22mm 滤膜、培养瓶或培养皿、血细胞计数板、10mL 离心管、10mL 一次性注射器、胶头吸管等。

三、实验步骤

1. 外周血淋巴细胞分离与培养

（1）采血。肝素钠抗凝，采集静脉血。每 1mL 全血加 0.1mL 180IU/mL 肝素钠溶液。

（2）稀释血液。用 D-Hanks 液按 1∶1（V/V）稀释抗凝血。

（3）加样离心。先在带盖离心管中加入 2mL 人淋巴细胞分离液，再沿管壁缓慢加入 2mL 稀释血，2000r/min 离心 20min。

（4）用毛细吸管轻轻插入两液交界面的灰白色层，轻轻吸出该层细胞，转入另一离心管，其中主要为淋巴细胞，其次还有单核细胞、NK 细胞，统称为外周血单个核细胞（peripheral blood mononuclear cell，PBMC）。

（5）洗涤 PBMC。用 5 倍体积的 D-Hanks 液洗涤细胞 2 次。每次用吸管将 D-Hanks 液与细胞悬液充分混匀，第一次 2000r/min 离心 10min 弃上清，第二次 1500r/min 离心 10min 弃上清。

（6）培养细胞。向细胞沉淀中加入 5mL RPMI1640 完全培养液重悬细胞，转入 25mL 培养瓶中，置 37℃、饱和湿度、5% CO_2 培养箱中培养 72h。

（7）收集细胞。用胶头吸管吸取培养液充分冲洗有细胞的一侧壁，使贴附的淋巴细胞脱落；将细胞悬液转入 10mL 离心管中。

2. 小鼠腹水瘤细胞准备

方法见附录二。

3. 计数细胞调浓度

调细胞浓度为（1～2）×10^6 个/mL。

4. 用 PBS 洗细胞

吸取 1mL 细胞悬液，1500r/min 离心 5min 收集细胞；然后加 1mL PBS 重悬细胞，1500r/min 离心 5min 弃上清；重复洗涤 1 次，离心后弃大部分上清，留 0.1～0.2mL 余液重悬细胞。

5. 固定细胞

边振荡细胞边逐滴滴加 1mL 预冷的 70% 乙醇到细胞悬浮液中，加完后再振荡数秒。4℃固定 18h 以上。

6. PBS 洗除固定液

2000r/min 离心 5min 收集细胞，用 PBS 洗 2 次，最后用 0.4mL PBS 轻轻吹打（防止细胞破碎）重悬细胞。

7. 降解细胞 RNA

加 RNase A 至终浓度为 50μg/mL，37℃水浴消化 30min 降解 RNA。

8. 染色

加 PI 20μL 至终浓度为 50μg/mL，冰浴中避光染色 10min。

9. 过滤

用 300 目（孔径 40～50μm）尼龙网过滤除去聚集细胞。

10．检测

上流式细胞仪检测及分析 G_1 期、S 期和 G_2/M 期各时相的百分比。

四、注意问题

（1）每步操作过程中应使细胞充分分散，故离心时间和转速是关键，要使细胞比容不过紧，又不至于丢失太多细胞。

（2）振荡器稍加振荡，但切勿用力吹打或剧烈振荡，以免细胞破碎。

（3）细胞悬液中如含可见的细胞团块，应除去或过滤后上机。

五、作业与思考题

分析细胞周期中 G_1 期、S 期和 G_2/M 期各时相的百分比。

六、参考文献

孟芝君．2011．流式细胞仪倍体分析的原理及其应用进展［J］．检验医学与临床，8（18）：2249-2251．

张峻梅，岑石强，杨志明，等．2008．流式细胞仪碘化丙啶染色法测定类胰岛素生长因子 I 对人胚胎原代及传代成肌细胞生长周期的作用［J］．中国组织工程研究与临床康复，12（16）：3310-3314．

Celis JE．2008．细胞生物学实验手册 1（导读版）［M］．北京：科学出版社．

实验 40　细胞周期蛋白 D1 基因转染细胞及细胞周期检测

细胞周期蛋白（cyclin）是指一些与真核细胞的细胞周期呈同步周期性浓度升降的蛋白质，它与细胞周期蛋白依赖性激酶（cyclin-dependent kinase，CDK）、细胞周期蛋白依赖性激酶抑制因子（cyclin-dependent kinase inhibitor，CKI）一起参与细胞周期调控。CDK 是此系统的中心，细胞周期蛋白起着正调控的作用，是 CDK 的活化亚单位，而 CKI 则为负调控因子。正、负调控因子之间稳定协调的关系对维持细胞周期的正常进程至关重要，如果二者之间的均衡性被打破，则不可避免带来细胞周期的紊乱。

目前已经发现细胞周期蛋白有：cyclin A～K 及其亚型共 15 种，但是在细胞生长周期中发挥主要作用的只有 cyclin A、cyclin B、cyclin D 和 cyclin E。根据 cyclin 调控的不同时相又可分为 G_1 期细胞周期蛋白（cyclin C、cyclin D、cyclin E）、G_2 期细胞周期蛋白（cyclin A）和 M 期细胞周期蛋白（cyclin B）。

D 型 cyclin 与细胞的癌变关系密切，cyclin D1 过度表达是多种人类原发性肿瘤的特征，对肿瘤的诊断及预后具有重要意义。

一、实验原理

cyclins 通过与 CDK 结合而发挥正调控作用，cyclin D-CDK4/6 复合物主要作用于 G_1/S 期，使细胞由 G_1 期越过 S 期，这种作用尤以 cyclin D1 为代表。

正常情况下，cyclin D1 在 G_1 期是恒定的，其过量表达可导致 G_1 期缩短，细胞分裂速度加快，导致细胞增殖失控，甚至形成癌变。

二、实验材料、试剂及用品

1. 材料

293T 细胞。

2. 试剂

（1）D-Hanks 液。配制方法见附录一。高压蒸汽消毒。

（2）含 10% 小牛血清的 DMEM 培养液。配制方法见附录一，0.22μm 滤膜过滤除菌。

（3）0.01mol/L PBS（pH7.2）。配制方法见附录一。

（4）含 0.02% EDTA 的 0.25% 胰蛋白酶溶液。配制方法见附录一，0.22μm 滤膜过滤除菌。

（5）pRK5 和 pRK5-cyclin D1 质粒。

（6）70% 乙醇。

（7）磷酸钙法细胞转染试剂盒。

（8）RNase A。

（9）1mg/mL PI 染液。

3. 用品

流式细胞仪、旋涡振荡器、纯水设备、电热干燥箱、高压蒸汽灭菌锅、超净工作台、CO₂ 培养箱、普通低温冰箱、倒置相差显微镜、托盘天平、10mL 离心机、酒精灯、超过滤器及 0.22μm 滤膜、培养瓶或培养皿、血细胞计数板、10mL 离心管、胶头吸管等。

三、实验步骤

（1）细胞传代培养。按实验 27 的方法用胰蛋白酶消化细胞，计数后用新鲜 DMEM 培养液调浓度为 $2×10^5$ 个 /mL。给 6 孔板每孔接种 2mL 细胞悬液，于 37℃ 5% CO₂ 培养箱中培养至细胞融合度达 70% 左右，一般过夜培养即可。

（2）质粒转染。按试剂盒说明，采用标准的磷酸钙法分别转染空载质粒 pRK5 和 pRK5-cyclin D1 于不同的细胞孔。

（3）收集细胞。转染 24h 后倒掉培养液，加入 1mL PBS 液，用细胞刮刮下细胞，收集到 EP 管中，1000r/min 离心 5min，弃上清。

（4）洗涤细胞。加入 1mL PBS，用移液器吹打混匀（务必吹散），1000r/min 离心 5min 弃上清；再加 1mL PBS 洗细胞 1 次，弃大部分上清，留余液 0.1～0.2mL 将细胞分散。

（5）固定细胞。一边用旋涡振荡器振荡细胞，一边逐滴加入 1mL 4℃ 预冷的 70% 乙醇到细胞悬液中，加完再振荡数秒。于 4℃ 至少固定 18h。

（6）洗细胞。2000r/min 离心 5min 收集固定过的细胞，再用 PBS 洗 2 次。

（7）降解 RNA。用 0.4mL PBS 重悬细胞并转至 EP 管中轻轻吹打（防止细胞破碎）混匀，加 RNase A 至终浓度约为 50μg/mL，37℃ 水浴作用 30min。

（8）PI 染色。加 PI 至终浓度为 50μg/mL，在冰浴中避光染色 10min。

（9）流式细胞仪检测。分析细胞周期中 G_1 期、S 期和 G_2/M 期各时相的百分比。

四、注意问题

（1）每步操作过程中应使细胞充分分散，故离心时间和转速是关键，要使细胞比容不过紧，又不至于丢失太多细胞。

（2）振荡器稍加振荡，但切勿用力吹打或剧烈振荡，以免细胞破碎。

（3）细胞悬液中如含可见的细胞团块，应除去或过滤后上机。

五、作业与思考题

用已学过的实验知识设计实验，使能够在无流式细胞仪的情况下清楚地检测胞内 cyclin D1 蛋白含量变化对细胞周期的影响。

六、参考文献

常维纬. 2009. 细胞周期蛋白 D 与疾病 [J]. 华中医学杂志，33（6）：356-357.
周开梅. 2010. 细胞周期蛋白在恶性肿瘤中的表达 [J]. 医学综述，16（4）：533-536.

实验 41　胸腺嘧啶脱氧核苷（TdR）双阻断法同步化培养的动物细胞

一、实验原理

胸腺嘧啶脱氧核苷（deoxyribonucleotid thymine，TdR）简称胸苷（thymidine），是 DNA 合成不可缺少的前体物，如果在培养液中过量，可反馈性地抑制其他核苷酸的磷酸化，产生抑制 DNA 合成的效应，使细胞周期停留在某一特定阶段，细胞分裂同步化。

常采用两次 TdR 阻断法，即双阻断法。第 1 次阻断时间相当于 G_2、M 和 G_1 期时间的总和或稍长，释放时间不短于 S 期时间，而小于 G_2+M+G_1 期时间，这样才能使所有位于 G_1/S 的细胞通过 S 期，而又不使沿周期前进最快的细胞进入下一个 S 期。第 2 次阻断时间同第 1 次，再释放。此方法用于将细胞同步化于 G_1/S 期。

二、实验材料、试剂及用品

1. 材料

HeLa 细胞。

2. 试剂

（1）D-Hanks 液。配制方法见附录一。高压蒸汽灭菌。

（2）含 0.02% EDTA 的 0.25% 胰蛋白酶溶液。配制方法见附录一，0.22μm 滤膜过滤除菌。

（3）小牛血清。56℃水浴灭活 30min。

（4）DMEM 基础培养液。直接购买。

（5）青霉素贮存液。用无菌水配成 5 万 IU/mL，分装于 EP 管，−20℃冻存。

（6）链霉素贮存液。用无菌水配成 5 万 μg/mL，分装于 EP 管，−20℃冻存。

（7）含 10% 小牛血清的 DMEM 完全培养液。配制方法见附录一，0.22μm 滤膜过滤除菌。

（8）胸苷。100mmol/L，pH7.4，0.22μm 滤膜过滤除菌。

（9）Hanks 液。配制方法见附录一，高压蒸汽灭菌。

3．用品

纯水设备、电热干燥箱、高压蒸汽灭菌锅、超净工作台、CO_2 培养箱、普通低温冰箱、倒置相差显微镜、托盘天平、10mL 离心机、酒精灯、超过滤器及 0.22μm 滤膜、培养瓶或培养皿、血细胞计数板、10mL 离心管、胶头吸管等。

三、实验步骤

（1）细胞准备。按实验 27 的方法将 HeLa 细胞传代，并培养至对数生长期的早期，融合度大约为 30%。

（2）第一次诱导同步化。加入含 2～2.5mmol/L TdR 的培养基作用 16h，弃培养基；用 Hanks 液洗细胞 2～3 次。

（3）细胞继续培养。换上新鲜正常的培养基继续培养 9h，使细胞进入下个生长周期的 G_1 期。

（4）第二次诱导同步化。重新用 TdR 培养基（2mmol/L TdR）培养细胞 16h，进行第 2 次阻断。

（5）细胞再培养。弃掉 TdR 培养基，用 Hanks 液洗细胞 2～3 次后换上普通培养基继续培养。

（6）收集细胞。用胰蛋白酶消化、收集细胞。

（7）检测。按照实验 38 的形态学方法或实验 39 的流式细胞仪分析法检测细胞周期各时相细胞的百分比，看是否达到预期的目的。

四、注意问题

HeLa 细胞周期时间为 21h，其中 G_1 期为 10h，S 期为 7h，G_2 期为 3h，M 期为 1h。第 2 次 TdR 释放 0h 时取样则细胞处于 G_1/S 期交界处；如 2～7h 取样则为不同阶段的 S 期细胞。

五、作业与思考题

请以 HeLa 细胞为例加以说明具体 TdR 作用和释放的时间设定原理（HeLa 细胞周期时间为 21h，其中 G_1 期为 10h，S 期为 7h，G_2 期为 3h，M 期为 1h）。

六、参考文献

高红亮，丛威，郡文波，等. 2011. 用胸腺嘧啶核苷双阻断法实现 Vero 细胞的同步化生长［J］. 过程工程学报，1（1）：66-70.

张驰，李蕊，李康生. 2011. Zwint-1 及其变异体 Zwint-1v 在 HeLa 细胞不同细胞周期中的亚定位［J］. 癌变·畸变·突变，23（3）：186-189.

朱丽红，毕伟，陆大祥，等. 2010. 胸腺嘧啶核苷双阻断法诱导 SGC-7901 细胞周期同步化研究［J］. 中国病理生理杂志，26（11）：2097-2100.

实验 42　秋水仙胺阻抑法分离贴壁培养的哺乳动物 M 期细胞

一、实验原理

正常情况下中期（M 期）细胞在整个细胞群中的比例不高（仅有 1%～3%），要想获取大量的 M 期细胞，需要药物处理分裂期细胞。

秋水仙素是一种生物碱，最初从百合科植物秋水仙中提取出来，也称为秋水仙碱。秋水仙胺为秋水仙碱的一种衍生物，化学名为去乙酰基甲基秋水仙碱。两者都可抑制纺锤体微管形成，引起微管解聚，将分裂细胞阻断在中期。后者体内使用时毒性较小。贴壁生长细胞在分裂中期具有变圆、易脱落的特点，可通过振荡使细胞脱落而收集。

二、实验材料、试剂及用品

1. 材料

HeLa 细胞。

2. 试剂

（1）D-Hanks 液。配制方法见附录一。高压蒸汽灭菌。

（2）含 0.02% EDTA 的 0.25% 胰蛋白酶溶液。配制方法见附录一，0.22μm 滤膜过滤除菌。

（3）小牛血清。56℃水浴灭活 30min。

（4）DMEM 基础培养液。直接购买。

（5）青霉素贮存液。用无菌水配成 5 万 IU/mL，分装于 EP 管，−20℃冻存。

（6）链霉素贮存液。用无菌水配成 5 万 μg/mL，分装于 EP 管，−20℃冻存。

（7）含 10% 小牛血清的 DMEM 完全培养液。配制方法见附录一，0.22μm 滤膜过滤除菌。

（8）10μg/μL 秋水仙素或秋水仙胺。

3. 用品

纯水设备、电热干燥箱、高压蒸汽灭菌锅、超净工作台、CO_2 培养箱、普通低温冰箱、倒置相差显微镜、托盘天平、10mL 离心机、酒精灯、超过滤器及 0.22μm 滤膜、培养瓶或培养皿、血细胞计数板、10mL 离心管、胶头吸管等。

三、实验步骤

（1）细胞准备。按照实验 27 的方法，将 HeLa 细胞传代培养至对数生长期。

（2）诱导同步化。加入秋水仙胺，使最终浓度为 0.05～0.1μg/mL 培养基，作用 6h。如使用秋水仙素，使用浓度应加大 5～10 倍。

（3）收集细胞。倒掉含秋水仙胺的培养液，加入新鲜培养液，手持培养瓶轻轻摇晃，使培养瓶底壁上处于分裂期的圆形细胞脱落。1000r/min 离心 10min，弃上清，沉淀细胞即为 M 期细胞。

四、注意问题

由于秋水仙素或秋水仙胺对细胞有一定毒性，用量较小或作用时间较短，细胞活性尚可恢复，而用量过大或时间过长则细胞不能存活；又因不同种类细胞的耐受性不同，使用时应通过试验确定适宜的剂量和作用时间。

五、作业与思考题

如果为非贴壁生长细胞，如何分离 M 期细胞？

六、参考文献

张清健，郑立新，田佩玲. 2013. 人外周血淋巴细胞高分辨染色体制备技术的研究［J］. 癌变·畸变·突变，25（1）：053-056.

Celis JE. 2008. 细胞生物学实验手册 3（导读版）［M］. 北京：科学出版社.

实验 43　植物细胞中期同步化诱导

一、实验原理

羟基脲（Hydroxyurea，Hu）能够抑制核苷酸还原酶的活性，将细胞分裂阻止在 G_1/S 期；甲基胺草磷（amiprophos-methyl，APM）能够抑制微管蛋白形成，可将细胞分裂阻止在中期。羟基脲和甲基胺草磷双阻断法可诱导植物细胞分裂停止于中期。

二、实验材料、试剂及用品

1. 材料
小麦种子。
2. 试剂
（1）1.25mmol/L Hu。
（2）4μmol/L APM。
（3）乙醇：冰醋酸（3：1）。
（4）70% 乙醇。
（5）解离液为 10%（V/V）盐酸。
（6）醋酸洋红染液。配制方法见附录一。
3. 用品
普通光学显微镜、刀片、镊子、恒温培养箱、恒温水浴锅、小烧杯等。

三、实验步骤

（1）将小麦种子在室温下浸泡过夜。
（2）于 23℃恒温培养箱中先用 1.25mmol/L Hu 浸泡处理种子 18h；蒸馏水洗 3 次；水培 4h；再在 4μmol/L APM 中培养 4～5h；蒸馏水洗 3 次。

（3）制备根组织压片。按照实验 17 的方法，常规固定、酸解、染色、压片。

（4）显微观察根尖细胞的有丝分裂中期分裂象的数目。

四、注意问题

（1）注意 Hu 和 APM 的处理时间。Hu 处理时间不能过长，否则会对细胞的恢复有影响。已经发现，在动植物细胞中 Hu 处理超过 24h 后可诱发染色体断裂和姐妹染色单体的不可逆互换。

（2）Hu 处理、水培及 APM 处理都应避光进行。

五、作业与思考题

秋水仙素也可阻止纺锤丝的形成，为什么不用其代替 APM 进行植物细胞双阻断同步化？

六、参考文献

陈成彬，宋文芹. 1999. 利用 Hu 和 APM 双阻断法诱导高频率植物根尖细胞有丝分裂同步化的研究 [J]. 南开大学学报（自然科学版），32（1）：28-31.

第三章

开放探索型细胞实验

第一节 细胞凋亡及细胞胀亡的诱导及检测

细胞死亡（cell death）指细胞生命现象不可逆的停止。

细胞死亡的方式有多种，其中细胞凋亡（apoptosis）和细胞坏死（necrosis）被认为是最为常见的两种细胞死亡方式，也是研究最多的细胞死亡方式。其他死亡方式还有自噬性细胞死亡（autophagic cell death）、程序性细胞坏死或称坏死性凋亡（necroptosis）、细胞焦亡（pyroptosis）、细胞胀亡（oncosis）、类凋亡（paraptosis）等。

较早期认为，细胞坏死是细胞受到意外损伤（极端的物理、化学因素或严重的病毒感染等生物损伤）而导致的细胞死亡，也被描述为细胞谋杀（cell murder）。而细胞凋亡是细胞内由多个基因控制的死亡程序被活化而导致的生理性细胞自杀（cell suicide）。这两种死亡方式导致细胞在形态、生化等方面均有不同的表现。坏死细胞胞体肿胀、胞质空泡化、染色质断裂、分散，胞膜起泡、破损，最后崩解，使细胞内容物外溢，引起炎症。凋亡细胞胞体缩小，膜多保持完整，表面出现凋亡相关分子磷脂酰丝氨酸，染色质先凝集后在核小体处规律性断裂为大小不同的片段，胞膜内折、包裹断裂的染色质片段和细胞器形成球形凋亡小体，出现在细胞膜表面并最终从细胞表面脱落。巨噬细胞识别凋亡细胞膜凋亡相关分子吞噬凋亡细胞或凋亡小体，不会引起严重的炎症反应。

1995年，Majno和Joris为了将细胞死亡的坏死形式和组织坏死的病理变化加以区分，将原来称为细胞坏死的肿胀性细胞死亡称为胀亡（oncosis）。但在实际中，细胞坏死一词依然在广泛使用。

在体内，细胞凋亡和细胞胀亡对于生命有机体均具有非常重要的生理及病理意义。尤其是凋亡，参与了机体的正常发育分化、细胞数量的稳定、免疫系统功能发挥等重要的生理过程及一些重要疾病的病理过程。并且，在应用领域，因细胞凋亡在体内不会引起严重的炎症反应、对机体产生的有害影响较小，筛选诱导凋亡型抗肿瘤药物成为抗肿瘤药物研发的一个重要方向。鉴于细胞凋亡的重要性，2002年的诺贝尔生理学或医学奖授予了细胞程序性死亡遗传规律的发现者悉尼·布雷内（Sydney Brenner）、约翰·苏尔斯顿（John Sulston）和罗伯特·霍维茨（Robert Horvitz）。

凋亡细胞和胀亡细胞在形态结构和生化反应等方面会发生一系列变化，其中某些变化是特征性的，可通过相应的方法进行检测。

■■■ **拓展阅读文献**

Celis JE. 2008．细胞生物学实验手册 1（导读版）［M］．北京：科学出版社．

Kyrylkova K, Kyryachenko S, Leid M, et al. 2012. Detection of apoptosis by TUNEL assay [J]. Methods in Molecular Biology, 887: 41.

Krysko DV, Berghe TV, Parthoens E, et al. 2008. Methods for distinguishing apoptotic from necrotic cells and measuring their clearance [J]. Methods in Enzymology, 442 (442): 307-341.

Krysko DV, Vanden BT, D'Herde K,et al. 2008. Apoptosis and necrosis: detection, discrimination and phagocytosis [J]. Methods. 44 (3): 205-221.

Zhao S. 2012. Programmed cell death pathways in cancer: a review of apoptosis, autophagy and programmed necrosis[J]. Cell Proliferation, 45(6): 487-498.

实验 44　凋亡细胞及胀亡细胞的形态学检测

一、实验原理

喜树碱（camptothecin，CPT）是一种植物来源的抗肿瘤药物，可通过多种机制发挥抗肿瘤作用，其中一种机制就是诱导细胞凋亡来杀伤肿瘤细胞，而同时，也会引起一些细胞发生胀亡变化。

凋亡细胞和胀亡细胞会发生一系列不同于正常细胞的形态学变化，可用普通光学显微镜对不染色或用核染料染色后的细胞形态进行观察以确定其为凋亡或胀亡细胞。

二、实验材料、试剂及用品

1．材料

提前 7 天接种 S-180 细胞的腹水瘤小鼠。接瘤方法见附录二。

（1）对照鼠。只接瘤，不注射羟基喜树碱溶液。

（2）实验鼠。接瘤，并在实验前 24～48h 腹腔注射用生理盐水配制的羟基喜树碱溶液诱导肿瘤细胞凋亡。药液浓度为 1mg/mL，剂量为每只小鼠 1.2mL，使其浓度在腹腔液中约为 80μg/mL（腹水体积按 15mL 计）。

2．试剂

（1）1mg/mL 的羟基喜树碱溶液。人临床注射用羟基喜树碱粉剂或注射液（5g），用灭菌 0.9% NaCl 溶液溶解或稀释到 5mL，保存于 4℃冰箱。

（2）0.01mol/L PBS（pH7.2）。配制方法见附录一。

（3）含 10% 小牛血清的 PBS。

（4）甲醇。

（5）0.067mol/L 的 PBS。配制方法见附录一。

（6）吉姆萨染液贮存液。配制方法见附录一。

（7）吉姆萨染液应用液。用 0.067mol/L 的 PBS 将贮存液作 1：20 稀释。

3．用品

普通光学显微镜、10mL 低速离心机、剪刀、10mL 一次性注射器及针头、乳胶手套、酒精棉球、10mL 离心管、胶头吸管、EP 管、10mL 离心管、载玻片、吸水纸、载玻片染色盒（缸）等。

三、实验步骤

1. 收集腹水瘤细胞

脱颈处死小鼠，参照实验 15 抽取腹腔液的方法分别抽取对照和实验小鼠含瘤腹水。

2. 制备装片，显微观察

正常细胞：圆形，细胞折光性强、亮，胞质少颗粒。

凋亡细胞：色深，内部出现较多颗粒，有些细胞表面有多个深色突起。

胀亡细胞：细胞大，胞质颗粒多，有的表面有数个无色的泡。

3. 制备涂片，染色后显微观察

具体步骤如下所示。

（1）腹腔液 1500r/min 离心 5min，弃上清。

（2）用含 10% 小牛血清的 0.01mol/L PBS（pH7.2）重悬细胞，配制成 50% 细胞悬液。

（3）制备细胞涂片。按照实验 1 的方法制备细胞涂片。

（4）细胞固定。滴加甲醇固定 3min。

（5）染色。将细胞标本片插入载玻片染色盒，倒入吉姆萨染液应用液染色 20～30min，流水冲去染液，晾干。

（6）显微观察。

正常细胞：细胞核呈圆形、核质均匀，染成淡蓝紫色。

凋亡细胞：染色质凝集（深染）、边缘化（靠近核膜）或有凋亡小体出现在细胞外。

胀亡细胞：细胞胀大、出泡，核质扩散、染成很淡的蓝色。

四、注意问题

（1）涂片需干透后再进行固定和染色，否则细胞容易脱落。

（2）洗去多余染液时不能先倒掉染液再洗，应连同染色盒一起拿到自来水龙头下冲洗，以防染料形成的氧化膜覆盖在涂片标本上。

（3）观察时要和不进行诱导的标本进行比较，注意区分细胞分裂前期的染色质凝集和凋亡细胞的染色质凝集特征。

五、参考文献

李军尧，唐忠志. 2004. 羟基喜树碱对人肝癌 BEL-7402 细胞毒性的评价［J］. 华中科技大学学报（医学版），33（4）：71-74.

农先胜，刘强. 2005. 羟基喜树碱诱导肿瘤细胞凋亡的研究进展［J］. 中国医学文摘·肿瘤学，19（3）：231-232.

曲明娟，张莉，袁俊杰. 2010. 细胞凋亡的三种形态学检测法的应用比较［J］. 实验室科学，13（6）：83-90.

Luttmann W, Bratke K, Kupper M, et al. 2007. 实验者系列：免疫学［M］. 沈倍奋，

译. 北京：科学出版社.

Majno G, Joris I. 1995. Apoptosis, oncosis, and necrosis. An overview of cell death[J]. Am J Pathol, 146: 3-15.

实验 45　Annexin V-FITC/PI 双染色法检测凋亡与胀亡细胞

一、实验原理

Annexin V 是一种分子质量为 35～36kDa 的蛋白质大分子，可与细胞膜磷脂酰丝氨酸（phosphatidylserine，PS）结合。但其不能通过正常细胞膜进入细胞内，只能和细胞表面的 PS 结合。

碘化丙啶（propidium iodide，PI）是一种发出红色荧光的 DNA 结合染料，不能透过完整细胞膜，只可透过死亡细胞通透性增大的细胞膜。

正常细胞的 PS 分布于细胞膜上的胞质一侧，不能和 Annexin V 结合，膜的正常通透性也不允许 PI 进入胞内和 DNA 结合；凋亡细胞膜上的 PS 反转到细胞外表面，可以和 Annexin V 结合，膜的通透性也正常，不允许 PI 进入胞内和 DNA 结合；胀亡细胞膜的通透性大，Annexin V 可穿过细胞膜与其膜上的 PS 结合，PI 也可进入细胞与 DNA 结合。因此，用异硫氰酸荧光素（FITC，绿色荧光）标记的 Annexin V 和 PI 对细胞进行同时染色时，就可以区分样品中的正常细胞、凋亡细胞和胀亡细胞。

喜树碱（camptothecin，CPT）是一种植物来源的抗肿瘤药物，可通过多种机制发挥抗肿瘤作用，其中一种机制就是诱导细胞凋亡来杀伤肿瘤细胞，而同时，也会引起一些细胞发生胀亡变化。用其处理腹水瘤细胞，引发部分细胞凋亡或胀亡，再用 Annexin V-FITC/PI 双染色法可显示这些变化。

二、实验材料、试剂及用品

1. 材料

提前 7 天接种 S-180 细胞的腹水瘤小鼠。接瘤方法见附录二。

（1）对照鼠。只接瘤，不注射羟基喜树碱溶液。

（2）实验鼠。接瘤，并在实验前 24～48h 腹腔注射用生理盐水配制的羟基喜树碱溶液诱导肿瘤细胞凋亡。药液浓度为 1mg/mL，剂量为每只小鼠 1.2mL，使其浓度在腹腔液中约为 80μg/mL（腹水体积按 15mL 计）。

2. 试剂

（1）0.9% NaCl 溶液（生理盐水）。

（2）1mg/mL 的羟基喜树碱溶液。人临床注射用羟基喜树碱粉剂或注射液（5g），用灭菌 0.9% NaCl 溶液溶解或稀释到 5mL，保存于 4℃冰箱。

（3）0.01mol/L PBS（pH7.2）。配制方法见附录一。

（4）FITC-Annexin V/PI 双染色法检测试剂盒。

3. 用品

激光共聚焦显微镜、10mL 低速离心机、剪刀、10mL 一次性注射器及针头、乳胶手套、酒精棉球、10mL 离心管、胶头吸管、EP 管、10mL 离心管、载玻片、吸水纸、载玻片染色盒（缸）等。

三、实验步骤

（1）收集腹水瘤细胞。脱颈处死小鼠，参照实验15抽取腹腔液的方法分别抽取对照和实验小鼠含瘤腹水。

（2）洗涤并调细胞浓度。取腹腔液0.5mL，加5mL 0.01mol/L PBS洗涤细胞1次，1500r/min离心5min弃上清液，再用PBS将肿瘤细胞配成5%的悬液。

（3）FITC-Annexin V/PI双染色。①在1.5mL EP管中加入5%的肿瘤细胞悬液0.5mL，2000r/min离心5min，弃上清液。②加入300μL结合缓冲液悬浮细胞。③加入5μL的FITC-Annexin V混匀，避光，室温染色15min。④加入5μL的PI染色5min。

（4）制备装片，荧光显微镜或激光共聚焦显微镜观察，也可用流式细胞仪分析。

正常细胞：胞膜完整，核不被PI染色；PS在膜内侧，也不被Annexin V-FITC染色；荧光显微镜下不被观察。

凋亡细胞：胞膜完整，核不被PI染色；但PS外翻，被Annexin V-FITC染成绿色；荧光显微镜下膜显示绿色。

坏死细胞：膜不完整，核被PI染成红色，Annexin V-FITC也可与膜PS结合，使膜呈绿色。

四、注意问题

（1）Annexin V和磷脂酰丝氨酸结合依赖钙离子，因此，结合缓冲液中一定要含钙离子；加Annexin V-FITC反应后避免用PBS（不含钙离子）洗涤细胞，以防止Annexin V-FITC脱色。

（2）胰酶与EDTA会抑制凋亡细胞与Annexin V-FITC结合，若是贴壁细胞，消化后一定要将胰酶和EDTA洗涤干净。

（3）PI具有毒性及潜在致畸作用，使用时注意防护及避免环境污染。

（4）Annexin V-FITC和PI应避光保存于2~8℃，避免冻融。

（5）细胞过多会影响染色及检测结果，应控制细胞浓度。

五、参考文献

陈军浩，刘勇，邹征云，等. 2008. 流式细胞术Annexin V/PI检测细胞凋亡阳性界线值及补偿值的确定［J］. 现代检验医学杂志，23（4）：24-27.

李军尧，唐忠志. 2004. 羟基喜树碱对人肝癌BEL-7402细胞毒性的评价［J］. 华中科技大学学报（医学版），33（4）：71-74.

李欣，路菊. 2005. 用Annexin V流式细胞术检测细胞凋亡的体会［J］. 检验医学，20（6）：598-599.

农先胜，刘强. 2005. 羟基喜树碱诱导肿瘤细胞凋亡的研究进展［J］. 中国医学文摘·肿瘤学，19（3）：231-232.

Werner Luttmann, Kai Bratke, Michael Kupper, et al. 2007. 实验者系列：免疫学［M］.

沈倍奋，译. 北京：科学出版社.

实验 46　凋亡细胞 DNA 的电泳检测

一、实验原理

染色体 DNA 是由多个核小体单位连接组成的，每个核小体单位有 146 对碱基，外面包裹组蛋白。这些组蛋白可保护 DNA 免受核酸内切酶切割。

细胞凋亡早期，凋亡特异的核酸内切酶在不同核小体连接处切割染色体形成单个或多个核小体单位长度的 DNA 片段，电泳后在琼脂糖凝胶上形成梯状条带（DNA ladder）。因此，根据提取的细胞染色体 DNA 电泳后是否出现典型梯状条带可判断细胞有无凋亡损伤。

二、实验材料、试剂及用品

1．材料

提前 7 天接种 S-180 细胞的腹水瘤小鼠。接瘤方法见附录二。

（1）对照鼠。只接瘤，不注射羟基喜树碱溶液。

（2）实验鼠。接瘤，并在实验前 24～48h 腹腔注射用生理盐水配制的羟基喜树碱溶液诱导肿瘤细胞凋亡。药液浓度为 1mg/mL，剂量为每只小鼠 1.2mL，使其浓度在腹腔液中约为 80μg/mL（腹水体积按 15mL 计）。

2．试剂

（1）TBS（Tris 缓冲盐溶液）。NaCl 8g，KCl 0.2g，Tris 3g，酚红 0.015g，加 800mL 蒸馏水溶解，用 HCl 调 pH 至 7.4，用蒸馏水定容至 1000mL，高压蒸汽灭菌，室温保存。

（2）TE 缓冲液（pH 8.0）。10mmol/L Tris·HCl（pH8.0）＋1mmol/L EDTA（pH8.0），高压灭菌，室温贮存。

（3）细胞裂解缓冲液。10mmol/L Tris·HCl（pH8.0），100mmol/L EDTA（pH 8.0），0.5% SDS（十二烷基磺酸钠），20μg /mL 胰 RNA 酶。

（4）蛋白酶 K 贮存液。称取 20mg 蛋白酶 K 溶于 1mL 灭菌的双蒸水中，20℃备用。用时用 TE 缓冲液稀释为 10μg/mL。

（5）酚：氯仿：异戊醇（25：24：1）。将市售的 Tris 饱和酚与氯仿和异戊醇按 25：24：1 混合。

（6）3mol/L 乙酸钠。

（7）无水乙醇，70% 乙醇。

（8）琼脂糖。

（9）10×TBE（Tris- 硼酸缓冲液）。Tris 108g，硼酸 55g，0.5mol/L EDTA（pH8.0）40mL，定容至 1L。用时用蒸馏水稀释 20 倍。

（10）0.5mg/mL EB（溴化乙锭）。用时稀释 1000 倍。

（11）6×上样缓冲液。0.25% 溴酚蓝，40% 蔗糖，10mmol/L EDTA（pH8.0），4℃保存。

3. 用品

10mL 低速离心机、EP 高速离心机、电泳仪、潜水式／水平电泳槽、−20℃冰箱、凝胶观测设备（紫外灯或凝胶扫描仪）、水平摇床、剪刀、10mL 一次性注射器及针头、一次性乳胶手套、酒精棉球、胶头吸管、10mL 刻度离心管、血细胞计数板、1.5mL EP 管、1000μL 及 10μL 微量加样器及对应吸头、透明胶带、冰块、1000mL 烧杯、玻棒等。

三、实验步骤

1. 细胞准备

（1）收集腹水瘤细胞。脱颈处死小鼠，参照实验 15 抽取腹腔液的方法分别抽取对照和实验小鼠含瘤腹水。

（2）于 4℃以 1500r/min 离心 5min 沉淀细胞。

（3）用与原液等体积的冰预冷的 TBS 重悬细胞，再次离心收获细胞。

（4）用 TE 缓冲液（pH8.0）重悬细胞并调浓度为 $5×10^6$ 个 /mL。

（5）吸取 1mL 细胞悬液于 1.5mL EP 管中，1500r/min 离心 5min 沉淀细胞。

2. 酚/氯仿法提取细胞 DNA

（1）裂解细胞、降解蛋白。向细胞沉淀中加入 1mL 细胞裂解缓冲液，重悬细胞沉淀、混匀；再向其中加入蛋白酶 K 溶液（20mg/mL）至终浓度为 100μg/mL，55℃消化 5～6h，期间不时振荡离心管。消化结束后，12 000r/min 离心 5min，转移上清液于另一 1.5mL EP 管中。细胞裂解液中的 SDS 可破坏细胞膜、核膜，并使组织蛋白与 DNA 分离；蛋白酶 K 可将与 DNA 紧密结合的蛋白质降解成小肽或氨基酸，使 DNA 分子完整地分离出来；EDTA 则可螯合 Ca^{2+} 和 Mg^{2+}，抑制 DNA 酶（DNase）的活性。

（2）抽提蛋白及脂类杂质。向上述转出的上清中加入等体积酚：氯仿：异戊醇（25：24：1），在旋涡振荡器上振荡混匀，12 000r/min 离心 10min 沉淀蛋白质等杂质；吸取上层水相液体于另一支 EP 管中。为了充分沉淀其中蛋白质，可向吸出的含 DNA 液体中再加入等体积酚：氯仿：异戊醇（25：24：1）重复抽提 1 次。

（3）沉淀 DNA。在上述转出的上层液体中加入 1/10 体积的乙酸钠溶液和 2 倍体积的冷无水乙醇（或等体积的异丙醇），涡旋振荡混匀，20℃静置 1h 或更长时间沉淀 DNA；12 000r/min 离心 20min，弃上清液。

（4）洗涤 DNA。加 70% 乙醇洗涤 DNA 沉淀一次，12 000r/min 离心 2min，弃上清液；将离心管倒置在超净工作台内的消毒滤纸上，除尽残余的乙醇。

（5）溶解 DNA。向有 DNA 沉淀的 EP 管内加入 100μL TE，将管放在摇床平台上室温摇荡 2～3h 溶解 DNA。

3. 琼脂糖凝胶电泳

（1）用 0.5×TBE 配制 1.5% 的琼脂糖凝胶。

（2）等熔化的琼脂糖溶液温度下降至约 55℃以下（手持瓶子不烫手）时，按终浓度 0.5μg/mL 加入 EB 贮存液混匀，倒平板。

（3）样品与上样缓冲液混合。

（4）加样电泳。缓冲液用 0.5×TBE，电压按 5V/cm 电泳。待溴酚蓝条带接近凝胶正极端时停止电泳。

4．观察

（1）取出样品，紫外灯下直接观察或用凝胶扫描仪照相。

（2）正常细胞 DNA 完整，电泳条带为一个大分子片段。

（3）坏死细胞基因组 DNA 随机断裂，电泳时的条带为由小到大连续的弥散状。

（4）凋亡细胞呈现梯状条带。

四、注意问题

（1）提取 DNA 最好在冰上进行，防止 DNA 降解。

（2）要加足够量的 RNA 酶及蛋白酶 K，使 RNA 及蛋白质降解充分以利于后面的抽提。吸取上层黏稠液体时，可将 1mL 移液枪的枪头用剪刀剪去前边一部分，使口径约 3mm 粗，便于吸取。抽提完吸取上层液体时避免吸到中间白色的蛋白层。

（3）由于凋亡细胞产生的 DNA 片段较小，难以沉淀。因此，沉淀 DNA 及离心的时间相比基因组 DNA 提取要延长。加入终浓度 0.01mol/L $MgCl_2$ 有助于沉淀形成。

（4）用 70% 乙醇洗涤后，必须等乙醇完全挥发后再用 TE 溶解，但最好不要使水挥发过干，否则难以溶解。

（5）EB 为强诱变剂，有毒，用时注意防护。紫外辐射对眼睛及皮肤均有危害，尤其对眼睛，用时要确保紫外光源得到适当遮蔽。

（6）电泳结束后及时观察、照相，放置时间超过 4h 后荧光会减弱。

五、参考文献

李军尧，唐忠志. 2004. 羟基喜树碱对人肝癌 BEL-7402 细胞毒性的评价［J］. 华中科技大学学报（医学版），33（4）：71-74.

农先胜，刘强. 2005. 羟基喜树碱诱导肿瘤细胞凋亡的研究进展［J］. 中国医学文摘·肿瘤学，19（3）：231-232.

Sambrook J, Russell DW. 2008. 分子克隆实验指南［M］. 3 版. 黄培堂等，译. 北京：科学出版社.

实验 47　TUNEL 技术原位检测凋亡细胞

一、实验原理

TUNEL 即 "terminal deoxynucleotidyl transferase-mediated dUTP nick end labeling"，译为 "末端脱氧核糖核酸转移酶（TdT）介导的 dUTP 缺口末端标记技术"。

凋亡细胞的 DNA 链断裂出现缺口，产生一系列 3'-OH 端，末端脱氧核糖核酸转移酶（TdT）可识别游离 3'-OH 端，将标记的脱氧核糖核苷酸衍生物结合到其上，检测标记物即可显示 DNA 链的断裂。

本实验中，先将荧光素 FITC 标记的脱氧核糖核苷酸连接到 3'-OH 端，然后用辣根过氧化物酶标记的 FITC 抗体及酶底物反应，用酶促反应形成的有色沉淀进行显示。

二、实验材料、试剂及用品

1. 材料

（1）诱导凋亡的腹水瘤细胞。6~8 周龄健康 Balb/c 小鼠，实验前 7 天腹腔常规接种 S-180 细胞（接瘤方法见附录二），实验前 2 天腹腔注射 1mg/mL 生理盐水配制的羟基喜树碱溶液 1.2mL 诱导细胞凋亡。

（2）注射过抗癌药物的皮下实体瘤小鼠。6~8 周龄健康 Balb/c 小鼠，实验前 2 周腋窝皮下接种 0.2mL 浓度为 1.5×10^7 个 /mL 的腹水瘤细胞悬液（荷瘤小鼠腹水细胞先用生理盐水洗 2 次，再用生理盐水配成需要浓度的悬液），实验前 2 天腹腔注射 1mg/mL 生理盐水配制的羟基喜树碱溶液 1.2mL。

2. 试剂

（1）1mg/mL 的羟基喜树碱溶液。人临床注射用羟基喜树碱粉剂或注射液（5g），用灭菌 0.9% NaCl 溶液溶解或稀释到 5mL，保存于 4℃冰箱。

（2）0.01mol/L PBS（pH7.2）。配制方法见附录一。高压蒸汽灭菌。

（3）OCT 包埋剂。

（4）*In situ* cell death detecetion 试剂盒。德国 Boehringer-Mannheim（罗氏）公司。包括以下几种。

A 液：小牛胸腺 TdT 酶。

B 液：FITC 标记的脱氧核苷酸反应混合物。

C 液：POD 转化剂，为辣根过氧化物酶（HRP）标记的山羊抗荧光素抗体。

（5）4% 多聚甲醛固定液。直接购买。

（6）0.1% Triton X-100。用 0.1% 枸橼酸三钠水溶液配制。

（7）0.1% 焦碳酸二乙酯（DEPC）水溶液。

（8）3% H_2O_2-甲醇液。10mL 30% H_2O_2、90mL 甲醇，混匀。

（9）Tris 缓冲盐水（TBS）。含 0.9% NaCl 溶液的 10mmol/L Tris，用 1mol/L HCl 调 pH 至 7.4。

（10）DAB/ H_2O_2 显色剂。DAB（3,3′- 四盐酸二氨基联苯胺）25mg，TBS 50mL。待 DAB 完全溶解后过滤，保存于棕色瓶中，显色前加 0.15mL 30% H_2O_2。要求现配，一般在 30min 内使用。注意：DAB 有致癌作用，配制时应戴手套防护。

3. 用品

普通光学显微镜、荧光显微镜、离心机、恒温箱、冰冻切片机、不锈钢饭盒（内铺 4 层湿纱布用作湿盒）、免疫组化用载玻片（多聚赖氨酸预处理过）、剪刀、10mL 一次性注射器、10mL 离心管、胶头吸管、200μL 移液枪及对应枪头、9cm 培养皿、镊子等。

三、实验步骤

1. 制作腹水瘤细胞涂片

（1）收集腹水瘤细胞。脱颈处死小鼠，参照实验 15 抽取腹腔液的方法抽取荷瘤小鼠含瘤腹水。1500r/min 离心 5min，弃大部分上清液，留与细胞沉淀体积约等量的上清液，与沉淀混匀。

（2）用实验 1 的方法，在多聚赖氨酸处理过的载玻片上制备腹水瘤细胞涂片。

2．制作实体瘤组织冰冻切片

（1）组织取材。小鼠处死后 30min 内，取脾脏组织，修整为大小为 1.5cm×1.5cm×0.2cm 的块。

（2）包埋。先在冷冻切片机标本托盘上平铺一层 OCT 包埋剂，待包埋剂即将变白时，把修好的脾脏组织块放在托盘中央的包埋剂上，再沿标本周围均匀滴加包埋剂直至使标本深埋其中。

（3）切片。厚度 6～7μm。

（4）固定。4% 多聚甲醛固定液 4℃固定 30min；80% 乙醇 -20℃固定 2h。

3．透化

0.1% Triton X-100 在 4℃处理 5～10min。

4．洗涤

用 PBS 洗 3 次，每次浸泡 5min。

5．灭活内源性核酸内切酶

用 0.1% DEPC 水溶液室温浸泡 30min。

6．洗涤

同步骤 4。

7．末端标记

滴加 50μL TUNEL 反应混合液（A 液与 B 液按 1∶9 混合），加盖玻片后置湿盒内，37℃温育 1h，阴性对照用 PBS 代替 A 液，其他相同。

8．洗涤

同步骤 4。

9．阻断内源性过氧化物酶

3% H_2O_2- 甲醇液室温作用 10min。

10．加酶标抗体反应

滴加 50μL 试剂 C 液，加盖玻片后置湿盒内，37℃温育 30min。

11．洗涤

同步骤 4。

12．显色

加 DAB 显色液避光显色 7～10min。

13．观察

普通光学显微镜观察，凋亡细胞呈棕黄色，正常细胞不着色。

四、注意问题

（1）组织取材要及时。

（2）材料大小。2cm×2cm×0.2cm，面积可大，但不能太厚。

（3）操作过程标本不能干燥。

（4）显色过程一定要在显微镜下观察，控制背景。

（5）用 PBS 稀释的抗体一定要当天使用。

五、参考文献

刘继英，龚云辉，王通，等. 2010. 浅谈冷冻切片技术的常见问题及处理［J］. 中外医疗，29（7）：191-192.

袁永辉，吴人亮，王曦，等. 2004. 原位细胞凋亡 TUNEL 法的改进及其应用［J］. 陕西医学杂志，33（7）：579-581.

张爱凤，陈平圣，鲁勤，等. 2008. TUNEL 法原位检测肿瘤组织细胞凋亡的改进［J］. 临床与实验病理学杂志，24（5）：628-629.

第二节　细胞自噬的诱导及检测

自噬是细胞内物质降解和再利用的一个过程。2016 年度的诺贝尔生理学或医学奖颁发给了日本科学家大隅良典（Yoshinori Ohsumi），以奖励他在细胞自噬机制方面的发现。这是细胞生物学领域又一个里程碑式的事件。

其实，早在 1963 年的溶酶体国际会议上，曾因发现溶酶体而获得 1974 年的诺贝尔生理学或医学奖的比利时科学家德迪夫（Christian de Duve）就已提出细胞自噬现象，并于 1963 年的溶酶体国际会议上正式提出。此后的几十年，尤其近一二十年，关于细胞自噬的研究逐渐成为继细胞凋亡之后细胞生物学领域的热门，涉及自噬发生过程及机制、走向、生理及病理作用、诱因、检测方法等。最杰出的成就当属 Yoshinori Ohsumi 利用酵母细胞为材料所获得的研究成果。

已有的结论包括：①细胞自噬是生物机体内普遍存在的过程，可以自然发生也可被诱导。②缺氧、营养缺乏尤其是氨基酸缺乏、一些药物（如抗癌药物）及毒物（如三氧化二砷）等应激原的存在更易触发细胞自噬过程。③细胞自噬是一种由溶酶体参与的细胞内降解过程，具有通过降解胞内受损蛋白质、衰老或损伤细胞器等细胞结构，为细胞提供代谢需要及进行细胞器的更新的生理功能。自噬发生时，在细胞内形成一种被称为隔离膜或吞噬泡的小囊泡结构，并与需降解的细胞质成分集结在一起，然后，隔离膜延伸并包裹封闭细胞质成分形成一个双层膜的结构，称为自噬体（autophosome）。自噬体与溶酶体直接融合形成自噬溶酶体（autopholysome），或先与内涵体融合形成自噬内涵体（amphisome）后再与溶酶体融合，包裹的细胞质成分最终在溶酶体酶的作用下被降解利用。④自噬细胞有两种走向，适度的自噬有利于细胞在不良条件下存活，过度的自噬会启动细胞凋亡等细胞死亡程序，引起细胞死亡。将这种由细胞自噬引发的细胞死亡称为Ⅱ型程序性细胞死亡。⑤细胞自噬既具有促进机体生长发育、调节免疫功能、延缓衰老等生理作用，又参与心血管疾病、肿瘤、感染等疾病的病理过程。

基于对细胞自噬现象、过程及分子机制的了解，目前对自噬体的检测方法主要有：①透射电镜直接观察自噬体法；②单丹磺酰尸胺（monodansylcadaverine，MDC）染色法；③自噬分子标记物 LC3-Ⅱ蛋白的检测等。

用透射电镜观察细胞内自噬性结构是判断自噬现象的金标准。自噬体在透射电镜下的特征是：新月状或杯状，双层或多层膜，有包绕细胞质成分的趋势。

MDC 染色法基于 MDC 可与自噬体膜上相关酶结合的特性。该法操作简单且用时较短，可在正常实验课开展。但 MDC 除了可以使自噬体染色外，一些酸性液泡也可被染色，特异性相对较差。

LC3-Ⅱ蛋白的检测基于微管相关蛋白 1 轻链 3（microtubule-associated protein 1 light chain 3，LC3）为自噬体的标记蛋白，其中的 LC3-Ⅱ水平在某种程度上反映了自噬体的数量。具体检测方法有免疫荧光检测法、Western Blot 检测法等。

■■ 拓展阅读文献

Harnett MM, Pineda MA, Langsley G, et al. 2017. From Christian de Duve to Yoshinori Ohsumi: More to autophagy than just dining at home [J]. Biomedical Journal, 40(1): 9-22.

Klionsky DJ, Cuervo AM, Seglen PO. 2007. Methods for monitoring autophagy from yeast to human [J]. Autophagy, 3(3): 181-206.

Menzies FM, Moreau K, Puri C, et al. 2012. Measurement of autophagic activity in mammalian cells [J]. Curr Protoc Cell Biol, Chapter 15: Unit 15.16.

Munafó DB, Colombo MI. 2001. A novel assay to study autophagy: regulation of autophagosome vacuole size by amino aciddeprivation[J]. Journal of Cell Science, 14 (20): 3619-3629.

Tanida I, Waguri S. 2010. Measurement of autophagy in cells and tissues [J]. Methods in Molecular Biology, 648: 193-214.

实验 48　MDC 染色法检测巨噬细胞自噬现象

一、实验原理

营养缺乏是导致细胞自噬的一个重要原因。EBSS 溶液（Earle's 平衡盐溶液）是一种在 CO_2 环境中短期维持细胞活性的平衡盐溶液，能够制造细胞饥饿环境、诱发细胞自噬，常作为细胞自噬诱导剂。细胞进行吞噬活动时，自噬体形成也增加。

单丹磺酰尸胺（MDC）是一种荧光染料，为谷氨酰胺转移酶 1 的底物，能够和谷氨酰胺转移酶结合。细胞发生自噬时，自噬体膜上谷氨酰胺转移酶数量增加或结合能力增强，结合的 MDC 数量增多，荧光增强，在细胞内形成点状荧光，可通过共聚焦显微镜观察。

二、实验材料、试剂及用品

1．材料

（1）6～8 周龄小鼠，品种及性别不限。

（2）1 只健康成年鸡。

2．试剂

（1）0.9% NaCl 溶液。

（2）0.5% 淀粉溶液。用生理盐水配制。

（3）70% 乙醇。

（4）含 10% 胎牛血清的 RPMI1640 完全培养液。配制方法见附录一。

（5）180IU/mL 肝素钠溶液。

（6）0.01mol/L PBS（pH7.2）。配制方法见附录一。

（7）EBSS 溶液。Invitrogen 公司产品。

（8）MDC。Sigma 公司产品，临用前用 PBS 配成 0.05mol/L。

（9）4% 多聚甲醛固定液。直接购买。

3. 用品

激光共聚焦显微镜、10mL 低速离心机、5mL 一次性塑料注射器、100mL 烧杯、10mL 刻度离心管、6 孔细胞培养板、预先消毒的盖玻片、镊子等。

三、实验步骤

（1）鸡红细胞准备。肝素抗凝，用注射器从翅下静脉采取鸡血；生理盐水洗涤 3 次，每次 1500r/min 离心 5min 弃上清；最后按红细胞沉淀体积配成 2% 的细胞悬液。

（2）诱导及收集巨噬细胞。实验前 72h 给小鼠腹腔注射 2～3mL 0.5% 淀粉；实验时脱颈处死小鼠，先浸泡于 70% 乙醇中消毒 30s，然后向腹腔注射 2～3mL 含 10% 胎牛血清的 RPMI1640 完全培养液，轻揉腹部，2min 后按照实验 15 的方法抽取腹腔液。

（3）巨噬细胞黏附。将腹腔液分别加在 3 个预先放入 6 孔细胞培养板的消毒盖玻片上，每片加 0.5mL，37℃、饱和湿度、5% CO_2 培养箱培养 2h，使巨噬细胞黏附。

（4）洗涤除去未黏附细胞。用 PBS 洗涤 3 次。其中 1 片直接进行 MDC 染色，另 2 片分别用于吞噬鸡红细胞和 EBSS 诱导自噬。

（5）巨噬细胞吞噬鸡红细胞。给有巨噬细胞爬片的 6 孔细胞培养板每孔加入 2.5mL 鸡红细胞悬液，37℃ 5% CO_2 培养箱培养 3～6h。取出盖玻片，用 PBS 冲去表面未吞噬的鸡红细胞，进行 MDC 染色。

（6）EBSS 诱导巨噬细胞自噬。给有巨噬细胞爬片的 6 孔细胞培养板每孔加入 2.5mL EBSS 溶液，37℃、饱和湿度、5% CO_2 培养箱培养细胞 3～6h。取出盖玻片，进行 MDC 染色。

（7）MDC 染色。将巨噬细胞爬片浸入 37℃ 预温的 0.05mmol/L 的 MDC 溶液中于 37℃ 温育 15min；PBS 洗 3 次；4% 多聚甲醛固定 15min；再用 PBS 洗 3 次。

（8）激光共聚焦显微镜观察。

四、注意问题

MDC 应避光保存及使用。

五、参考文献

马泰，孙国平，李家斌. 2012. 细胞自噬的研究方法［J］. 生物化学与生物物理进展，39（3）：204-209.

赵红星，丁培山，刘荣玉. 2010. 吞噬及饥饿诱导巨噬细胞自噬对其吞噬功能的影响［J］. 安徽医科大学学报，46（5）：401-404.

实验 49　GFP-LC3 基因转染法显示自噬体

一、实验原理

营养缺乏是导致细胞自噬的一个重要原因。EBSS 溶液（Earle's 平衡盐溶液）是一种在 CO_2 环境中短期维持细胞活性的平衡盐溶液，能够制造细胞饥饿环境、诱发细胞自噬，常作为细胞自噬诱导剂。

LC3 为自噬过程的分子标记物，其在自噬形成过程中发生聚集。用携带绿色荧光蛋白（GFP）和 LC3 融合基因的 GFP-LC3 质粒载体转染 HeLa 细胞，用荧光显微镜或激光共聚焦显微镜观察细胞内表达融合蛋白的聚集，可以显示细胞内自噬体的形成过程。

二、实验材料、试剂及用品

1. 材料

HeLa 细胞。

2. 试剂

（1）D-Hanks 液。配制方法见附录一，高压蒸汽灭菌。

（2）含 0.02% EDTA 的 0.25% 胰蛋白酶溶液。配制方法见附录一，0.22μm 滤膜过滤除菌。

（3）pGFP-LC3 质粒及 pEGFP-C1 质粒。

（4）DMEM 基础培养液。直接购买。

（5）小牛血清。56℃水浴灭活 30min。

（6）青霉素贮存液。用无菌水配成 5 万 IU/mL，分装于 EP 管，-20℃冻存。

（7）链霉素贮存液。用无菌水配成 5 万 μg/mL，分装于 EP 管，-20℃冻存。

（8）含 10% 小牛血清的 DMEM 完全培养基。配制方法见附录一，0.22μm 滤膜过滤除菌。

（9）不含抗生素的 DMEM 完全培养基。

（10）Lipofectamine 2000 转染试剂。Invitrogen 公司产品。

（11）EBSS 溶液。Invitrogen 公司产品，其营养单一，用于诱导细胞自噬。

3. 用品

高压蒸汽灭菌锅、超净工作台、CO_2 培养箱、荧光显微镜、无菌 10mL 刻度离心管、无菌吸管、35mm 培养皿等。

三、实验步骤

（1）转染用细胞准备。配制成 $2×10^5$ 个 /mL 细胞悬液后，参考实验 27 的方法准备转染用 HeLa 细胞，最后用不含抗生素的完全 DMEM 培养基按每皿 $4×10^5$ 个接种于 35mm 培养皿中，于 37℃、5% CO_2 培养箱培养至 80%～90% 铺满度。

（2）准备转染用试剂。

A 液：250μL 无血清 DMEM 培养基中加入 4μg pGFP-LC3 质粒或 4μg pEGFP-C1

质粒。

B 液：250μL 无血清 DMEM 培养基中加入 10μL Lipofectamine 2000 转染试剂，轻轻混匀并于室温孵育 5min。

将 A 液和 B 液轻轻混合并与室温静置 20min。

（3）基因转染。将步骤（2）准备的转染试剂加入步骤（1）准备的细胞中，用不含抗生素和血清的培养基（基础培养基）补至终体积为 2mL。轻轻混匀，4～6h 后更换 DMEM 完全培养基，37℃、5% CO_2 培养箱继续培养 24～48h。

（4）细胞的饥饿处理。用 EBSS 溶液替换培养液，分别将细胞饥饿 0h、4h、8h、12h。

（5）荧光显微镜观察自噬现象。

四、注意问题

消化过度会损伤细胞，导致细胞死亡，不能再次贴壁生长，并有部分细胞漂浮流失；消化不足则导致细胞难以从瓶壁吹下，反复吹打同样会损伤细胞。

五、参考文献

蔡世忠，王亚平. 2011. 细胞衰老与细胞自噬的生物学关联及其意义［J］. 生命科学，23（4）：335-341.

成军. 2011. 现代细胞自噬分子生物学［M］. 北京：科学出版社.

马泰，孙国平，李家斌. 2012. 细胞自噬的研究方法［J］. 生物化学与生物物理进展，39（3）：204-209.

翟欢欢，薛秀花，张伟. 2012. 细胞自噬的诱导及检测技术在细胞生物学实验教学中的应用实例［J］. 中国细胞生物学学报，34（3）：286-289.

第三节 细胞衰老的诱导与检测

细胞衰老是细胞周期调控下多基因参与的复杂的病理生理过程，是内外因素互作的结果。

细胞衰老及抗衰老研究一直是细胞生物学研究的热点领域之一。美国科学家 Harman 1955 年提出了衰老的自由基学说，认为活性氧基团（reactive oxygen species，ROS）包括超氧自由基、羟自由基和 H_2O_2 引起的生物大分子的氧化损伤是影响细胞衰老进程的重要因素，而维持体内适当水平的抗氧化剂和自由基清除剂水平可以推迟衰老和延长寿命。

ROS 的种类主要包括一些自由基如超氧阴离子、羟自由基和 H_2O_2 等，检测方法主要有两种：一种是化学荧光法；另一种叫电子顺磁共振。荧光探针 DCFH-DA（双氢 - 乙酰乙酸二氯荧光黄）至今认为是检测 ROS 的最为敏感和可靠的方法之一。

活性氧基团中的 H_2O_2 分子小、无电荷、可以自由渗透质膜，并且相对稳定，常作为体外培养细胞最常用的"早老"诱导剂。

衰老细胞与正常细胞相比，发生了形态、结构、化学组成、物质代谢等方面的变化。可通过相应方法进行检测。目前应用较多的是 β-半乳糖苷酶染色法，其他还有端粒酶活性检测和衰老相关基因表达的检测。

衰老细胞体积增大，变形；贴壁细胞在光镜下观察变得宽大、扁平、细胞质内色素和空泡增多、折光率低；核内染色质异常固缩。细胞膜系统流动性降低，选择通透性变差；线粒体数量减少，体积增大，嵴排列紊乱；粗面内质网总量减少，排列有序性下降，蛋白质合成能力降低；蛋白转运异常；溶酶体数量增多；细胞质微丝骨架和核骨架异常；细胞水分减少、细胞质中出现一些非生命物质。

▓ 拓展阅读文献

Campisi J, D'Adda dFF. 2007. Cellular senescence: when bad things happen to good cells [J]. Nat Rev Mol Cell Biol, 8(9): 729-740.

Guthrie HD, Welch GR. 2010. Using fluorescence-activated flow cytometry to determine reactive oxygen species formation and membrane lipid peroxidation in viable boar spermatozoa[J]. Methods Mol Biol, 594: 163-171.

Itahana K, Campisi J, Dimri GP. 2007. Methods to detect biomarkers of cellular senescence: the senescence-associated beta-galactosidase assay [J]. Methods in Molecular Biology, 371: 21-31.

Lee BY, Han JA, Im JS, et al. 2006. Senescence-associated beta-galactosidase is lysosomal beta-galactosidase [J]. Aging Cell, 5(2): 187-195.

实验 50　细胞 ROS 的流式细胞仪检测

一、实验原理

荧光探针 DCFH-DA（双氢 - 乙酰乙酸二氯荧光黄）在通过细胞膜以后，可被细胞内的酯酶转化成没有荧光的 DCFH。如果细胞内有 ROS 存在，这种化合物会被迅速氧化成有高荧光强度的 DCF（二氯荧光黄）。通过流式细胞仪检测细胞内 DCF 的荧光强度就可显示细胞内 ROS 水平。

二、实验材料、试剂及用品

1. 材料

H_2O_2 诱导衰老的 NIH-3T3 小鼠成纤维细胞或其他细胞。

2. 试剂

（1）D-Hanks 液。配制方法见附录一，高压蒸汽灭菌。

（2）含 0.02% EDTA 的 0.25% 胰蛋白酶溶液。配制方法见附录一，0.22μm 滤膜过滤除菌。

（3）小牛血清。56℃水浴灭活 30min。

（4）DMEM 基础培养液。粉剂或溶液，直接购买。

（5）青霉素贮存液。用无菌水配成 5 万 IU/mL，分装于 EP 管，−20℃冻存。

（6）链霉素贮存液。用无菌水配成 5 万 μg/mL，分装于 EP 管，−20℃冻存。

（7）含 10% 小牛血清的 DMEM 完全培养基。配制方法见附录一，0.22μm 滤膜过滤除菌。

（8）碧云天活性氧检测试剂盒。包括：DCFH-DA（10mmol/L）。活性氧阳性对照 Rosup（50mg/mL）。

3. 用品

流式细胞仪、纯水设备、电热干燥箱、高压蒸汽灭菌锅、超净工作台、CO_2 培养箱、普通低温冰箱、倒置相差显微镜、托盘天平、10mL 离心机、酒精灯、超过滤器及 0.22μm 滤膜、6 孔细胞培养板、血细胞计数板、10mL 离心管、胶头吸管等。

三、实验步骤

1. 贴壁细胞原位装载探针的实验方法

（1）细胞准备。按照实验 27 的方法，收获培养的 NIH-3T3 细胞，用 DMEM 完全培养液调浓度为 $1×10^6$ 个 /mL。

（2）细胞再培养。将 2.5mL 细胞悬液接种于预先放有消毒盖玻片的 6 孔细胞培养板中，共接种 3 孔，培养过夜。

（3）探针准备。按照 1∶1000 用无血清培养液稀释 DCFH-DA，使终浓度为 10μmol/L。

（4）装载探针。去除细胞培养液，加入 150μL 稀释好的 DCFH-DA，37℃细胞培养箱内孵育 20min。加入的体积以能充分盖住细胞为宜，通常对于 6 孔板的一个孔加入稀释好的 DCFH-DA 不少于 100μL。

（5）用 PBS 液洗涤细胞 3 次，以充分去除未进入细胞内的 DCFH-DA。

（6）刺激细胞。按说明用 PBS 稀释阳性对照刺激物 Rosup，给阳性孔加入 150μL 稀释好的 Rosup，37℃处理 30min。

（7）用 PBS 洗盖玻片 2 遍。

（8）用激光共聚焦显微镜观察。检测时激发光波长为 488nm，发射波长 525nm。

2. 收集细胞后装载探针的实验方法

（1）细胞准备。按照实验 27 的方法，收获培养的 NIH-3T3 细胞，用 DMEM 完全培养液调浓度为 $1×10^6$ 个 /mL。

（2）细胞再培养。将 2.5mL 细胞悬液接种于预先放有消毒盖玻片的 6 孔细胞培养板中，共接种 3 孔，培养过夜。

（3）探针准备。按照 1∶1000 用无血清培养液稀释 DCFH-DA，使终浓度为 10μmol/L。

（4）胰酶消化收集细胞。先用 PBS 洗细胞 2 遍，然后用 0.25% 胰酶常规消化细胞，收集于 EP 管中。

（5）装载探针。给细胞沉淀加 500μL 稀释好的 DCFH-DA，37℃细胞培养箱内孵育 20min。每隔 3～5min 颠倒混匀一下，使探针和细胞充分接触。

（6）用 PBS 液洗涤细胞 3 次，以充分去除未进入细胞内的 DCFH-DA。

（7）刺激细胞。按说明向细胞悬液中加入阳性对照刺激物 Rosup，37℃处理 30min。

（8）上流式细胞仪测定并计算各处理的平均荧光值。测定时使用 488nm 激发波长，

525nm 发射波长。

四、注意问题

（1）探针装载后，一定要洗净残余的未进入细胞内的探针，否则会导致背景较高。

（2）探针装载完毕并洗净残余探针后，可以进行激发波长的扫描和发射波长的扫描，以确认探针的装载情况是否良好。

（3）尽量缩短探针装载后到测定所用的时间，以减少各种可能的误差。

（4）注意安全，操作时穿实验服并戴一次性手套。

五、作业与思考题

（1）除了用流式细胞仪检测，检测细胞内 ROS 还有什么方法？

（2）ROS 有无可利用的作用？

六、参考文献

黄丹. 2001. 细胞衰老的研究进展（综述）[J]. 暨南大学学报（医学版），22（6）：36-39.

马宏，张宗玉，童坦君. 2002. 衰老的生物学标志 [J]. 生理科学进展，33（1）：37-39.

聂金雷，时庆德，张勇，等. 2002. 利用荧光探针直接测定线粒体活性氧的形成 [J]. 中国应用生理学杂志，18（2）：196-198.

张鑫. 2010. 细胞中活性氧的荧光探针检测法研究进展 [J]. 现代预防医学，37（22）：4316-4318.

实验 51　H_2O_2 诱导细胞衰老及胞内衰老相关的 β-半乳糖苷酶检测

细胞 β-半乳糖苷酶通常存在于溶酶体内，在 pH4.0 时具有活性。但在 1995 年，Dimiri 等发现体外培养人二倍体成纤维细胞在 pH 为 6 时，其 β-半乳糖苷酶染色的阳性率随细胞代龄增加而增加，他们把这种中性 β-半乳糖苷酶定义为衰老相关的 β-半乳糖苷酶（senescence-associated β-galactosidase，SA-β-gal）。进一步研究发现，永生化细胞检测不到 SA-β-gal 的活性，而转基因技术诱导永生化细胞衰老的同时也诱导衰老相关 β-半乳糖苷酶的活性。还有，老年个体皮肤组织切片衰老相关 β-半乳糖苷酶染色的阳性率高于年轻个体。基于以上研究，Dimiri（1995）提出将这种中性 β-半乳糖苷酶作为体内外衰老研究的生物学标志。

用 β-半乳糖苷酶的生色底物与组织切片或细胞存在的 β-半乳糖苷酶反应，产生有色沉淀，可以显示该酶的存在与活性。该法简单易行，是目前应用较为广泛的衰老细胞生物学标志。

一、实验原理

H_2O_2 是一种活性氧分子，可进入细胞内引起细胞产生氧化损伤而出现衰老样变化，

其中包括中性 β-半乳糖苷酶活性升高。5- 溴 -4- 氯 -3- 吲哚 -β-D- 半乳糖苷（5-Bromo-4-Chloro 3-Indoly-β-D-Galactoside，X-gal）是一种半乳糖类似物，可在 β-半乳糖苷酶作用下生成蓝色不溶物，因此可以显示 β-半乳糖苷酶的存在与活性。

二、实验材料、试剂及用品

1. 材料

NIH-3T3 小鼠成纤维细胞。

2. 试剂

（1）D-Hanks 液。配制方法见附录一，高压蒸汽灭菌。

（2）含 0.02% EDTA 的 0.25% 胰蛋白酶溶液。配制方法见附录一，0.22μm 滤膜过滤除菌。

（3）小牛血清。56℃水浴灭活 30min。

（4）DMEM 基础培养液。粉剂或溶液，直接购买。

（5）青霉素贮存液。用无菌水配成 5 万 IU/mL，分装于 EP 管，−20℃冻存。

（6）链霉素贮存液。用无菌水配成 5 万 μg/mL，分装于 EP 管，−20℃冻存。

（7）含 10% 小牛血清的 DMEM 完全培养基。配制方法见附录一，0.22μm 滤膜过滤除菌。

（8）PBS 溶液（pH7.2）。NaCl 8.5g，KCl 0.2g，$Na_2HPO_4 \cdot 12H_2O$ 2.85g，KH_2PO_4 0.27g 溶于 1000mL 双蒸水。

（9）含 50μmol/L H_2O_2 的 PBS。

（10）固定液。2% 甲醛（*V/V*），用 PBS 配。

（11）柠檬酸 / 磷酸缓冲液。0.1mol/L 柠檬酸，0.2mol/L Na_2HPO_4，pH6.0。

（12）X-gal 贮液（20mg/mL）。用二甲基甲酰胺（DMF）溶解，贮存于 −20℃。

（13）染色液。临用时配，配比如下，最后蒸馏水加至 20mL。

100mmol/L $K_3Fe(CN)_6$	1mL
1mmol/L $MgCl_2$	40μL
5mol/L NaCl	600μL
柠檬酸 / 磷酸缓冲液	4mL
100mmol/L $K_4Fe(CN)_6$	1mL
X-gal 贮液	1mL

3. 用品

脱色摇床、纯水设备、电热干燥箱、高压蒸汽灭菌锅、超净工作台、CO_2 培养箱、普通低温冰箱、倒置相差显微镜、托盘天平、10mL 离心机、酒精灯、超过滤器及 0.22μm 滤膜、6 孔细胞培养板、血细胞计数板、10mL 离心管、胶头吸管等。

三、实验步骤

（1）细胞准备。按照实验 27 的方法，收获培养的 NIH-3T3 细胞，用 DMEM 完全培养液调浓度为 1×10^6 个 /mL。

（2）细胞再培养。将 2.5mL 细胞悬液接种于预先放有消毒盖玻片的 6 孔细胞培养板中，37℃ 5% CO_2 培养箱中至细胞融合度达到 60%～70%。

（3）衰老诱导。弃培养液，加入含 50μmol/L H_2O_2 的 PBS 中，于 37℃孵育 30min，弃去 H_2O_2 溶液，用 PBS 轻轻漂洗细胞 3 次，加入含 10% 小牛血清的 DMEM 培养液继续培养。

（4）每隔 2 天重复处理一次，共 4 次。

（5）对照细胞培养。检测前 2 天，将未经处理的细胞培养于 6 孔细胞培养板预先放入小盖玻片的其他孔中。

（6）衰老细胞与正常细胞的显微观察。

（7）细胞的 β-半乳糖苷酶染色。①取实验组及对照组细胞，弃去培养基，用 PBS 洗 3 次。②加入固定液，室温固定 5min。③将细胞用 PBS 洗 3 次。④细胞染色：在标本上滴加适量新配置的染色液，恒温箱 37℃孵育 2～4h。⑤弃染色液，细胞用灭菌水漂洗 3 次。

（8）显微观察。衰老细胞呈蓝色；正常细胞不染色。

四、注意问题

（1）染色液的 pH 很重要，应严格为 6.0。
（2）染色反应不要在 CO_2 培养箱中培养，以免影响染色酸碱环境。
（3）β-半乳糖苷酶染色液使用前必须确保沉淀全部溶解并且混匀。
（4）固定液有一定的腐蚀性和毒性，操作时请注意防护。

五、作业与思考题

（1）描述衰老细胞与正常细胞的形态差别。
（2）如果未诱导细胞与诱导细胞的染色差异不大，可能会是哪些因素造成的？

六、参考文献

丁明孝，苏都莫日根，王喜忠，等. 2009. 细胞生物学实验指南［M］. 北京：高等教育出版社.

孟德芳. 2001. 系统性红斑狼疮患者骨髓间充质干细胞衰老相关研究［D］. 南京：南京大学医学院硕士学位论文.

第四节　细胞分化的诱导及检测

细胞分化是指同一来源的细胞逐渐发生各自特有的形态结构、生理功能和生化特征的过程。

细胞分化受内外两方面因素的影响：一是核质关系中细胞质对核物质表达的影响；二是细胞相互作用及外来其他物质对细胞分化的影响。在胚胎发育过程中，体内一部分细胞影响相邻细胞向一定方向分化的作用称为胚胎诱导（embryonic induction），对其他细胞起诱导作用的细胞称为诱导者（inductor）或组织者。细胞不仅在体内可以分化，细胞在体外也可以被诱导分化。

关于细胞的诱导分化研究更多集中在诱导干细胞向所需细胞类型转化，为临床移植治疗及组织器官功能恢复治疗奠定基础。而近十几年，细胞生物学领域一个备受关注的课题是肿瘤细胞的诱导分化研究。

一般认为，肿瘤细胞是从生物体内正常细胞演变而来的，正常细胞恶变是细胞去分化的结果，即已经分化的细胞回复到未分化的状态。肿瘤细胞除了具有某些来源细胞的分化特点外，主要还有低分化和高增殖的特征。大部分正常细胞是需要黏附于固定的表面进行生长、增殖的，在达到一定程度汇合成单层后即停止分裂，此过程称为接触抑制或密度依赖抑制。而肿瘤细胞和转化细胞则缺乏这种生长限制，甚至不需要依赖于固定表面、不受密度限制地持续分裂，即肿瘤细胞增殖失控。另外，肿瘤细胞分化障碍，电镜下的超微结构特点是细胞质呈低分化状态，含大量的游离核糖体和部分多聚核糖体，内膜系统尤其是高尔基复合体不发达，微丝排列紊乱，细胞表面微绒毛增多变细，细胞间连接减少。

从这个角度讲，如果能够诱导肿瘤细胞再分化的话，就有可能抑制其恶性增殖。1971 年，Friend 首次报道了利用二甲基亚砜诱导小鼠 Friend 红白血病红系分化以来，已先后发现一些化学药物可在体内或体外引起某些肿瘤细胞的一些恶性表型逆转和再分化。这些药物被称为肿瘤分化诱导剂，包括一些内源性诱导剂和外源性诱导剂。

（1）内源性分化诱导剂。其指肿瘤细胞或宿主细胞所产生的具有分化诱导作用的生物活性物质，包括集落刺激因子、糖皮质激素、前列腺素、1, 25- 二羟维生素 D_3、cAMP、干扰素 α、转化生长因子 β、肿瘤坏死因子 α 等。

（2）外源性分化诱导剂。①维生素类，如视黄酸、维生素 C 等；②简单有机化合物，如正丁酸盐、六亚甲基二乙酰胺、N-甲基甲酰胺、二甲基亚砜、乙酰胺等；③无机物，如亚硒酸钠、三氧化二砷等；④抗生素，如丝裂霉素、放线菌素 D、阿霉素、光神霉素等；⑤中草药类，如人参、乳香等；⑥嘌呤和嘧啶类，如双丁酰环化腺苷酸及 8-01-cAMP 等；⑦其他，如佛波酯类、阿糖胞苷、环磷酰胺等。

肿瘤分化的标志：由于肿瘤细胞起源的多样性，其分化的具体指标亦各不相同，一般包括形态与功能的分化、增殖能力与致瘤性的降低或丧失等。代表终末分化，具有成熟表型的标志物多为特异性细胞产物或涉及产物合成的酶，如红细胞的血红蛋白、表皮细胞的角蛋白、胆管上皮分化标志 cK7（cytokeratin7）、肝细胞分化标志白蛋白、消化道肿瘤分化标志 LAP（肠碱性磷酸酶）、胃癌分化标志 PG（胃蛋白酶原）、LDH（乳酸脱氢酶）、横纹肌肉瘤中的结蛋白（desmin）以及星形细胞瘤的胶质纤维酸性蛋白（GFAP）等。肿瘤细胞分化程度越低，越是缺乏分化标记物。从细胞周期调控来看，肿瘤细胞去分化的一个重要特征就是 G_1/S 期控制点失控，进入 S 期细胞异常增多，因此 G_1 期称为细胞分化期，G_1 期停滞可作为细胞分化的指标。

肿瘤诱导分化剂诱导肿瘤细胞分化的机制：分化诱导剂作用于肿瘤细胞后，通过信号转导机制诱导肿瘤细胞分化，封闭或抑制肿瘤细胞中与细胞增殖有关的受体；降低蛋白质的磷酸化水平，促进细胞分化基因的表达；启动细胞凋亡程序；等等。有些表现为先分化后凋亡，有些表现为分化与凋亡同时发生。

目前，恶性肿瘤的诱导分化治疗已成为肿瘤生物学和肿瘤治疗学的研究热点和前沿领域。临床应用反式视黄酸治疗人急性早幼粒细胞白血病已取得显著疗效。更多疗效好、副作用小的诱导分化剂也逐渐被发现。

▦ 拓展阅读文献

廖明徽. 2002. 肿瘤的诱导分化疗法［J］. 中国肿瘤，11（2）：104-107.

郑蕊，廖承德，丁莹莹. 2015. 体外诱导骨髓间充质干细胞向神经细胞分化的研究进展［J］. 现代肿瘤医学，2015（7）：1027-1029.

Fatica A, Bozzoni I. 2014. Long non-coding RNAs: new players in cell differentiation and development [J]. Nature Reviews Genetics, 15(1): 7-21.

Gamet L, Daviaud D, Denis-Pouxviel C, et al. 2010. Effects of short-chain fatty acids on growth and differentiation of the human colon-cancer cell line HT29[J]. International Journal of Cancer, 52(2): 286-289.

Hurt EM, Chan K, Serrat MA,et al. 2010. Identification of vitronectin as an extrinsic inducer of cancer stem cell differentiation and tumor formation [J]. Stem Cells, 28(3): 390-398.

Müller-Sieburg CE, Cho RH, Thoman M, et al. 2002. Deterministic regulation of hematopoietic stem cell self-renewal and differentiation [J]. Blood, 100(4): 1302-1309.

Sun P, Xia S, Lal B, et al. 2009. DNER, an epigenetically modulated gene, regulates glioblastoma-derived neurosphere cell differentiation and tumor propagation [J]. Stem Cells, 7(7): 1473-1486.

Tang XH, Gudas LJ. 2011. Retinoids, retinoic acid receptors, and cancer [J]. Annual Review of Pathology, 6(6): 345.

实验 52　骨髓造血干细胞的诱导分化实验

诱导干细胞向特定的细胞群分化在临床上具有重要的应用价值。

骨髓造血干细胞是指存在于骨髓中的一小群具有无限或长期自我更新能力，并具有多向分化潜能的原始造血细胞。在体内能向红系、粒系、单核/巨噬系、淋巴系、巨核系等细胞分化。在体外特定培养条件下，可以向非造血细胞（如神经细胞、肝细胞、上皮细胞、肌细胞等）分化。

一、实验原理

骨髓造血干细胞表面特征标记分子为 CD34，可据此对其进行分离纯化。

干细胞的分化与微环境有关，微环境中的调节信号分子可诱导干细胞分化。将 CD34$^+$ 造血干细胞与心肌细胞共培养，心肌细胞制造的微环境便可使 CD34$^+$ 造血干细胞分化为心肌样细胞。

二、实验材料、试剂及用品

1. 材料

成年健康 SD 大鼠。

2．试剂

（1）20%（m/V）乌拉坦。

（2）70% 乙醇。

（3）PBS。NaCl 8g，KCl 0.2g，NaH$_2$PO$_4$ 1.44g，KH$_2$PO$_4$ 0.24g，加去离子水 800mL，用 HCl 调 pH 至 7.2～7.4，然后再加水至 1000mL。

（4）含肝素钠 50IU/mL 的 PBS。

（5）大鼠淋巴细胞分离液。

（6）含 2mmol/L EDTA 的 PBS。

（7）CD34 磁珠（QBEND10）。

（8）胎牛血清。

（9）DMEM 低糖培养基。

（10）0.25% 胰酶。用 PBS 配制。

（11）FcR 封闭试剂。

（12）大鼠 IL-3（白细胞介素 -3）、IL-6（白细胞介素 -6）、CSF（干细胞因子）。

3．用品

CD34 磁珠及磁珠分离设备、流式细胞仪、解剖器械、培养瓶、倒置显微镜、CO$_2$ 培养箱等。

三、实验步骤

1．收获大鼠骨髓细胞

（1）大鼠麻醉。按每千克体重约 10mL 给大鼠腹腔注射浓度为 20% 的乌拉坦麻醉大鼠。

（2）消毒大鼠。用 70% 乙醇浸泡大鼠消毒 3min。

（3）取骨。在超净工作台内无菌取双侧股骨和胫骨，将上面附着的肌肉剔除干净。

（4）收集骨髓细胞。剪开骨头两头，用 5mL 带针头的注射器吸取含肝素钠的 PBS 将骨髓腔内细胞冲到离心管中，1500r/min 离心 8min，弃上清；用 2mL 含肝素钠的 PBS 重悬细胞沉淀。

2．分离 CD34$^+$ 细胞

（1）密度梯度离心分离骨髓单个核细胞。另取 1 支 10mL 离心管，先加入 2mL 大鼠淋巴细胞分离液，然后将骨髓细胞悬液小心叠加在淋巴细胞分离液上，室温 2200r/min 离心 20min，用吸管将两液中间白色细胞层转入另一 10mL 刻度离心管中。

（2）洗涤细胞。用含 2mmol/L EDTA 的 PBS 洗涤细胞 2 次，每次 1500r/min 离心 10min，将细胞用 PBS 调成浓度为 3×10^8 个 /mL 的悬液。

（3）免疫磁珠法分离 CD34$^+$ 细胞。①每 300μL 细胞悬液中加 100μL FcR 封闭试剂和 100μL CD34 磁珠，在 6～12℃孵育 30min。②用 PBS 洗涤磁珠 2 次，每次 1500r/min 离心 8min，弃上清，最后用 0.5～1mL PBS 缓冲液重悬磁珠。③将磁珠分离柱（VarioMACS）放在磁铁孔中固定好，先用 PBS 缓冲液平衡，然后将细胞悬液上样。④洗涤分离柱：用约 3 倍柱体积的 PBS 缓冲液充分洗涤分离柱，使 CD34$^-$ 细胞完全冲出。⑤收获 CD34$^+$ 细胞：将分离柱移出磁场，用 0.5mL PBS 缓冲液用力冲打柱上滞留的细胞，使 CD34$^+$细胞从柱上分离下来。

（4）流式细胞仪测定 CD34$^+$细胞纯度。每 100μL 细胞样品加入 20μL 别藻红蛋白标记的 CD34 单抗，室温下孵育 20min 后上机检测。

3. CD34$^+$细胞培养

（1）离心收集免疫磁珠法分离的 CD34$^+$细胞，用含 15% 胎牛血清的 DMEM 培养基重悬细胞，同时加入重组大鼠 IL-3、IL-6、CSF 各 20μg/L，37℃ 5% CO$_2$ 培养箱中培养 3 天。

（2）3 天后收集悬浮细胞转至另一培养瓶中，37℃ 5% CO$_2$ 培养箱中培养，每 3 天换液一次，弃去未贴壁细胞。

（3）在光镜下观察贴壁细胞形态变化。CD34$^+$细胞贴壁生长后，呈梭形或多角形，细胞核大。培养 10 天后，细胞融合度达 80%～90%。

4. 新生乳鼠心肌细胞的分离

（1）将乳鼠心室肌肉剪成约 1mm^3 大小的块，用 D-Hanks 液洗 3 次。

（2）用 0.25% 的胰酶在 37℃水浴中消化 25min；每隔 5min 振荡一次，使细胞从组织上脱落。

（3）加入 5mL 培养液以终止胰酶消化作用。

（4）静置使未分散的组织块下沉，取悬液加入到离心管中，1500r/min 离心 10min，弃上清液。

（5）加入 D-Hanks 液 5mL，冲散细胞，再离心一次，弃上清液，以洗去胰酶。

（6）用 6mL DMEM 完全培养液重悬细胞，倒入 25mL 培养瓶中，37℃ 5% CO$_2$ 培养箱中黏附 2h，以除去成纤维细胞。

（7）小心吸出细胞悬液。

5. CD34$^+$细胞与鼠心肌细胞共培养

将乳鼠心肌细胞悬液接种于 CD34$^+$细胞培养瓶中，37℃ 5% CO$_2$ 培养箱中培养。

6. 结果观察

共培养 24h 后，靠近心肌细胞的 CD34$^+$细胞形态发生改变，变成长杆状；3 天后，CD34$^+$细胞呈现较为一致的极性排列。未与心肌细胞共培养的 CD34$^+$细胞始终保持梭形或多角形，且排列不规则。

四、注意问题

（1）磁珠分选细胞过程中，标记好的细胞重悬于缓冲液时不要吹打出气泡，否则会影响过柱。

（2）细胞悬液过柱子后，用缓冲液洗柱子时液体不能中断，尤其不能让柱子干掉。

（3）由于磁珠分离的时间比较长，为了保证细胞状态，最好在冰上操作。

五、作业与思考题

举例说明诱导骨髓造血干细胞向非造血细胞分化的意义。

六、参考文献

刁勇，许瑞安. 2009. 细胞生物技术实验指南［M］. 北京：化学工业出版社.

武开宏. 2007. 脐带干细胞的分离、鉴定及分化为心肌和内皮细胞的实验研究［D］. 北京：中国协和医科大学硕士学位论文.

实验 53 视黄酸诱导肿瘤细胞分化及检测实验

一、实验原理

正常培养的 HL-60 细胞主要是幼稚的未分化早幼粒细胞。视黄酸作为一种肿瘤细胞诱导分化剂，已证实其在体内体外均具有诱导肿瘤细胞分化的作用。用含有视黄酸的细胞培养液培养 HL-60 细胞时，视黄酸可引起幼稚型的 HL-60 细胞向成熟细胞分化，使细胞群中中幼粒和晚幼粒细胞比例增多。除了形态上的变化，分化细胞的增殖活性也下降，可用 MTT 法等进行检测。

二、实验材料、试剂及用品

1. 材料

HL-60 细胞（人早幼粒白血病细胞系）。

2. 试剂

（1）0.01mol/L、pH7.4 的 PBS。配制方法见附录一。

（2）RPMI1640 完全培养液。

RPMI1640 基础培养基	90%
小牛血清	10%
青霉素	100IU/mL
链霉素	100μg/mL

（3）视黄酸（Sigma 产品）贮存液。用生理盐水配成 10mmol/L。用时稀释 1000 倍。

（4）瑞氏染液。配制方法见实验 1。

（5）pH6.4 的 PBS。磷酸二氢钾（无水）0.3g，磷酸氢二钠（无水）0.2g，先加 800mL 蒸馏水溶解，调 pH 至 6.4，再补加蒸馏水至 1000mL。

（6）5mg/mL 的 MTT 溶液。称取 MTT 粉末（Sigma）0.10g，溶于 20mL PBS 中，0.22μm 滤膜过滤除菌，4℃避光保存。

（7）细胞裂解液。盐酸 - 异丙醇裂解液：量取盐酸 14mL、Triton X-100 溶液 50mL，加异丙醇至 500mL。

3. 用品

超净工作台、CO₂ 培养箱、普通光学显微镜、10mL 低速离心机、酶标仪、无菌培养皿、载玻片、酒精棉球、蜡笔、胶头吸管、10mL 带盖刻度离心管、96 孔培养板、100μL 移液枪及对应枪头、血细胞计数板等。

三、实验步骤

1. HL-60 细胞诱导分化及形态学观察

（1）细胞培养。分别用含与不含视黄酸的 RPMI1640 完全培养液调整 HL-60 细胞密

度为 5×10^5 个 /mL，于 37℃、饱和湿度、5% CO_2 培养箱中培养 3～5 天。

（2）离心收集细胞。分别于培养 3 天和 5 天时 1500r/min 离心 5min，弃上清，留取细胞沉淀。

（3）制备细胞涂片。用相当于细胞沉淀体积的小牛血清重新悬浮细胞沉淀，按照实验 1 的方法制备细胞涂片。

（4）细胞染色。按实验 1 的方法用瑞氏染液染色细胞涂片标本。

（5）显微镜观察并计算各种粒细胞比率。早幼粒细胞，核大、圆形或卵圆形、位于中央或稍偏位；中幼粒细胞，胞核椭圆形或一侧开始扁平，可有凹陷，其凹陷处占细胞的 1/2～2/3，核染色质聚集呈索块状，核仁隐约可见或消失；细胞质量多，染淡红或少数区域略偏蓝，含大小一致的红色颗粒，即特异性颗粒（至少有一个区域）；晚幼粒细胞，核明显凹陷呈肾形、马蹄形、半月形，但其核凹陷程度不超过假设直径的一半，核染色质粗糙，排列更紧密，无核仁；细胞质量多，浅红色，充满中性特异性颗粒。

2. HL-60 细胞诱导分化及 MTT 法检测细胞活力

（1）细胞培养。分别用含与不含视黄酸的 RPMI1640 完全培养液调制 HL-60 细胞密度为 2×10^4 个 /mL，按每孔 100μL 加于 96 孔板中，每处理 6 个重复孔。于 37℃、饱和湿度、5% CO_2 培养箱中培养 48h。

（2）加 MTT 反应。每孔加 MTT 溶液（5mg/mL）20μL，混匀，在 37℃ 5% CO_2 条件下培养 4～5h。

（3）溶解甲臜。每孔加入 100μL 细胞裂解液，混匀。

（4）比色。酶标仪 570nm 波长处测定吸光度。

四、注意问题

注意药物使用浓度，若浓度过小，诱导分化活性不易显示出来。

五、作业与思考题

诱导分化的肿瘤细胞除了形态学和增殖活性检测外还可用什么方法检测诱导效果？

六、参考文献

洪凡青，陈飞虎，吴菲，等. 2011. 新型维甲酸衍生物 ATPR 体外诱导消化系统肿瘤细胞分化的研究 [J]. 肿瘤防治研究，38（12）：1375-1379.

孔令华，刘玉琴. 2004. 恶性肿瘤细胞诱导分化 [J]. 癌症进展杂志，2（6）：505-508.

马军，邱林. 2007. 诱导分化在恶性肿瘤及白血病治疗中的应用 [J]. 实用医院临床杂志，4（6）：3-6.

吴楠，查锡良. 2004. 肿瘤细胞的诱导分化 [J]. 生命的化学，24（6）：496-499.

第五节 小干扰 RNA 引起的基因沉默实验

1998 年华盛顿卡耐基研究院的 Andrew Fire 和马萨诸塞大学癌症中心的 Craig Mello 首次将双链 RNA（double-stranded RNA，dsRNA）注入线虫，结果诱发了强烈的基因沉默（gene silencing）。后来将这种由 dsRNA 引起的序列特异的基因沉默现象称为 RNA 干扰作用（RNA interference，RNAi）。Andrew Fire 和 Craig Mello 因此获得了 2006 年的诺贝尔生理学或医学奖。

此后的更多研究发现，RNA 干扰引起的基因沉默普遍存在于真核生物中，其在调节发育、维持基因组稳定性、对抗外部环境压力等方面都有着重要的作用。在植物、真菌和无脊椎动物中，基因沉默还是先天免疫（innate immunity）的重要部分。

能够产生 RNAi 的 RNA 长为 21～25 个核苷酸，称为小干扰 RNA（small interfering RNA，siRNA），它能够与转录形成的 mRNA 序列的特定区域结合，引起核酸酶对结合区域 mRNA 的降解，继而引起转录后基因沉默（post-transcript-ional genesilencing，PTGS）。

RNAi 具有是特异性和高效性。小干扰 RNA 只会使靶基因失活，对其他基因没有沉默作用。使用时仅需少量的 dsRNA 就可以有效地抑制基因表达。

siRNA 可以是内源的，也可以是外源的；内源 siRNA 可以自然产生，也可以诱导产生。自然 RNA 干扰现象在昆虫、锥虫、果蝇、涡虫、斑马鱼、真菌、拟南芥及哺乳动物细胞都有发现，可能在基因表达的管理、病毒感染的防护、活跃基因的表达控制等方面具有重要意义。

由于 RNAi 的诸多优点，用外源 siRNA 进行"基因沉默"的技术已广泛用于功能基因组、信号转导及人与动物疾病治疗等方面的研究领域。

通常通过两种方式实现人为的 RNAi：一种是向细胞直接转染人工合成的小干扰 RNA；另一种则是以质粒或病毒为载体表达短的发夹 RNA。siRNA 转染哺乳动物细胞的方法与质粒 DNA 相同，有磷酸钙法、阳离子脂质体法、DEAE- 葡聚糖法、电穿孔法等。而对于沉默效果的检测，则包括表达蛋白本身的检测和表达蛋白的生物学功能检测。

▦ 拓展阅读文献

王秀杰. 2006. RNA 干扰：双链 RNA 引起的基因沉默机制——2006 年诺贝尔生理学或医学奖成果简介［J］. 科技导报，24（12）：5-8.

Liu G, Wongstaal F, Li QX. 2006. Recent develpment of RNAi in drug target discovery and validation[J]. Drug Disvoery Today: Technologies, 3(3): 293-300.

Mohr SE, Smith JA, Shamu CE, et al.2014. RNAi screening comes of age: improved techniques and complementary approaches[J]. Nature Reviews Molecular Cell Biology, 15(9): 591-600.

实验 54　RNA 干扰沉默绿色荧光蛋白基因

一、实验原理

针对绿色荧光蛋白（GFP）的 siRNA 即 GFP-siRNA 可引起 GFP 基因转录后沉默。将 GFP-siRNA 和携带 GFP 基因的真核表达质粒载体共转染培养的小鼠成纤维细胞，然后于转染后 48~96h 在荧光显微镜或激光共聚焦显微镜下观察细胞内荧光强度，可检查 siRNA 对 GFP 基因表达的抑制效果。

二、实验材料、试剂及用品

1. 材料

贴壁培养的哺乳动物细胞（原代成纤维细胞、HeLa 细胞株或 CHO 细胞株）。

2. 试剂

（1）D-Hanks 液。配制方法见附录一，高压蒸汽灭菌。

（2）0.01mol/L PBS。配制方法见附录一，高压蒸汽灭菌。

（3）含 0.02% EDTA 的 0.25% 胰蛋白酶溶液。配制方法见附录一，0.22μm 滤膜过滤除菌。

（4）小牛血清。56℃水浴灭活 30min。

（5）DMEM 基础培养液。粉剂或溶液，直接购买。

（6）青霉素贮存液。用无菌水配成 5 万 IU/mL，分装于 EP 管，−20℃冻存。

（7）链霉素贮存液。用无菌水配成 5 万 μg/mL，分装于 EP 管，−20℃冻存。

（8）含 10% 小牛血清的 DMEM 完全培养液。配制方法见附录一，0.22μm 滤膜过滤除菌。

（9）不含小牛血清的 DMEM 培养液。

（10）5mg/mL Sofast^{TM} 试剂。

（11）pEGFP-C1 质粒。1μg/μL，广州锐博生物科技有限公司产品。

（12）GFP-siRNA 及 negative-siRNA。20μmol/L，广州锐博生物科技有限公司。

3. 用品

纯水设备、电热干燥箱、高压蒸汽灭菌锅、超净工作台、CO_2 培养箱、普通低温冰箱、倒置荧光显微镜、托盘天平、10mL 离心机、酒精灯、超过滤器及 0.22mm 滤膜、24 孔培养板、血细胞计数板、10mL 离心管、胶头吸管、EP 管、10μL 及 200μL 移液器等。

三、实验步骤

1. 细胞准备

（1）按照实验 27 的方法消化待转染细胞。

（2）收集细胞。将细胞悬液转入带盖离心管，1500r/min 离心 5min，弃上清，留细胞沉淀。

（3）细胞计数。向细胞沉淀加 2mL DMEM 完全培养液重悬细胞，计数并调整细胞

浓度为 8×10^4 个 /mL 。

（4）重新接种。24 孔板每孔接种细胞悬液 1mL、细胞数 8×10^4 个。

（5）细胞培养。37℃、5% CO_2 培养箱培养 12h，待细胞布满底部 40%～50%，用于细胞转染。

2．聚阳离子法基因转染

（1）待转染核酸准备。

阴性对照组：1μL 质粒 DNA 溶液（含质粒 DNA 1μg）+30μL 无血清 DMEM 培养液。

GFP-siRNA 组：1μL 质粒 DNA 溶液（含质粒 DNA 1μg）+1mL GFP-siRNA（使终浓度为 100mol/L）+30μL 无血清 DMEM 培养液。

negative-siRNA 组：1μL 质粒 DNA 溶液（含质粒 DNA 1μg）+1μL negative-siRNA（使终浓度为 100mol/L）+30μL 无血清 DMEM 培养液。

（2）转染试剂准备。2μL 梭华 -Sofast^{TM} 溶液（含聚阳离子试剂 10μg）+30μL 无血清 DMEM 培养液。

（3）核酸与转染试剂的混合。将转染试剂加入核酸溶液中，边加边用旋涡振荡器混匀，室温静置 15min。

（4）转染。①弃原培养液，每孔加 0.5mL 含血清 DMEM 培养液。②将 60μL 转染混合液加在培养的细胞中，轻轻摇动混匀。③ 37℃培养 48h。

3．结果观察

在基因转染 48h（或更长时间）后用倒置荧光显微镜或激光共聚焦显微镜观察转染及基因沉默情况，阳性细胞发出明亮的绿色荧光，阴性细胞无荧光。激光共聚焦显微镜比倒置荧光显微镜更敏感，绿色荧光蛋白表达量不高时前者能观察到而后者不易见。

四、注意问题

（1）DNA 纯度要高，应当无蛋白质、无 RNA 和化学试剂污染，OD_{260}/OD_{280} 应在 1.8 以上，否则会影响转染效率。

（2）转染用细胞种类、活性和密度都会影响转染效率。已建系的细胞比原代培养细胞应用效果好；待转染细胞要求处于旺盛分裂期、相互之间留有少量空隙，这样的细胞转染率高。原因是，分裂旺盛的细胞对转染试剂的毒性作用抵抗能力强、对外源 DNA 摄取能力强；少量空隙可给分裂细胞提供空间。

五、作业与思考题

如果表达的不是荧光蛋白，怎样检测基因转染效果及表达水平？

六、参考文献

宋宏涛，向本琼，张伟．2010．基于绿色荧光蛋白的 RNAi 技术在细胞生物学实验课程中的应用实例［J］. 中国细胞生物学学报，32（6）：902-907.

杨天赐，陈明桥，黄革玲．2004．新一代阳离子聚合物转染试剂（梭华 -Sofast）转染效果研究．厦门大学学报（自然科学版）［J］. 43（4）：572-577.

Celis JE. 2008. 细胞生物学实验手册 3（导读版）[M]. 北京：科学出版社.

第六节　细胞端粒酶活性检测实验

端粒是一种位于真核生物染色体末端、由串联重复的短的双链 DNA（dsDNA）序列和特殊蛋白质结合形成的 DNA- 蛋白质复合体，能够修复染色体末端 DNA 的损伤并维持 DNA 的稳定性。由于"末端复制问题"的存在，每次细胞周期进行一个循环后端粒的长度就会有所缩短，直到端粒耗损完则细胞停止分裂。端粒长度的缩短不仅是衰老的一种标志更是一种导致衰老的重要机制。

端粒酶（telomerase）是一种由蛋白质和 RNA 组成的核糖核酸蛋白复合物。端粒酶 RNA 组分中含有端粒重复序列的模板（5'-CUAACCCUAAC-3'）；蛋白质组分具有 RNA 依赖的 DNA 多聚酶活性，可以自身 RNA 的模板区为模板复制合成端粒重复 DNA 序列，加到端粒末端而维持端粒的长度，抵消或者延缓端粒长度的不断缩短。

近年很多研究显示，在胚性细胞等增殖活跃的细胞中端粒酶具有活性，而在正常成熟体细胞中端粒酶失活；绝大多数肿瘤细胞都呈端粒酶阳性，而在癌旁组织和正常组织阳性率很低。说明端粒酶与细胞寿命直接相关，且端粒酶的激活和表达程度与肿瘤的发生、发展也有十分密切的关系。因此，如何合理地控制端粒的长度，控制端粒酶的激活和抑制，以达到延缓衰老和防癌、治癌的目的，将会是一项意义深远的、富有挑战性的工作。

端粒酶活性的检测最早用端粒重复序列延伸法，原理是：端粒酶在体外可以以其自身 RNA 的模板区为模板，在适宜的寡核苷酸链的末端添加 6 个碱基的重复序列，再用聚丙烯酰胺凝胶电泳（PAGE）显示 6 个碱基差异的梯带。这种检测方法检测敏感性相对较低。1994 年 Kim 建立了基于 PCR 基础上的端粒重复序列扩增法（telomeric repeat amplification protocol，TRAP），在端粒酶作用下合成端粒重复序列后，再以其为模板 PCR 扩增端粒重复序列，扩增底物或引物中带有同位素，扩增结果 PAGE 后放射自显影检测。该法敏感，但存在同位素污染，且需时较长，难以定量。1998 年，卫立新等建立了更为敏感、简便、快速又无需使用同位素的 TRAP-ELISA 法检测人端粒酶活性。

▓ 拓展阅读文献

Choi LMR, Kim NW, Zuo JJ, et al. 2015. Telomerase activity by TRAP assay and telomerase RNA (hTR) expression are predictive of outcome in neuroblastoma[J]. Pediatric Blood & Cancer, 35(6): 647-650.

Wojtyla A, Gladych M, Rubis B. 2011. Human telomerase activity regulation[J]. Molecular Biology Reports, 38(5): 3339-3349.

Yoshida K, Sugino T, Tahara H, et al. 2015. Telomerase activity in bladder carcinoma and its implication for noninvasive diagnosis by detection of exfoliated cancer cells in urine[J]. Cancer, 79(2): 362-369.

Zhou X, Xing D. 2012. Assays for human telomerase activity: progress and prospects [J]. Chemical Society Reviews, 43(42): 4643-4656.

实验 55　肿瘤细胞的端粒酶活性检测

一、实验原理

端粒酶在生物素标记的引物 TS 存在的前提下合成 ggttag 的 6 碱基重复序列；然后灭活端粒酶，在一个下游引物引导下，以端粒酶延伸产物为模板，*Taq* 酶 PCR 扩增端粒酶延伸产物，扩增产物标记有生物素。再用地高辛标记的端粒重复序列探针与变性后的 PCR 产物杂交，杂交产物一条链结合有生物素，另一条链结合有地高辛，因此，将其加于链霉亲和素包被的 96 孔反应板后便通过生物素 - 亲和素的高亲和力将其结合于板上。随后加入辣根过氧化物酶标记的抗地高辛抗体，便在孔表面形成一个"链霉亲和素 - 生物素 -DNA- 地高辛 - 抗地高辛抗体 - 辣根过氧化物酶"的复合物，加入底物显色后便可用酶标仪进行半定量测定。

二、实验材料、试剂及用品

1. 材料

小鼠 S-180 腹水瘤细胞、HL-60 细胞。

2. 试剂

（1）0.01mol/L、pH7.4 的 PBS。配制方法见附录一。

（2）RPMI1640 完全培养液。配制方法见附录一，0.22μm 滤膜过滤除菌。

（3）细胞裂解液。10mmol/L Tris·HCl（pH7.5），1mmol/L $MgCl_2$，1mmol/L EGTA，0.1mmol/L PMSF，5mmol/L β- 巯基乙醇，0.5% Tween-20，10% 甘油。

（4）Roche 公司 TeloTAGGG Telomerase PCR ELISA Kit（11854666910）。保存于 -20℃。内容物：①细胞裂解液。②TRAP 反应混合物：含端粒酶底物、引物、核苷酸、*Taq* 酶及生物素标记的 P1-TS 引物和 P2 引物，用于端粒酶介导的引物延伸和 PCR 扩增。③DNA 变性剂，一般为 0.1mol/L NaOH。④杂交缓冲液：含有地高辛标记的与端粒酶重复序列互补的 DNA 探针。⑤清洗缓冲液：一般为 0.02mol/L Tris·HCl-Tween20（pH 7.4）。⑥过氧化物酶（POD）标记的抗地高辛（DIG）抗体（Anti-DIG-POD）。⑦ELISA 反应稀释缓冲液。

（5）四甲基联苯胺（TMB）底物溶液。TMB-H_2O_2 溶液。

（6）ELISA 反应终止液。一般为 2mol/L H_2SO_4。

（7）阳性对照细胞提取物。

（8）已包被的微孔反应板：96 孔板。

（9）DEPC 处理的无菌水。

3. 用品

超净工作台、CO_2 培养箱、普通光学显微镜、10mL 低速离心机、1.5mL 冷冻离心机、PCR 仪、酶标仪、水平摇床、10mL 一次性塑料注射器、细胞培养瓶、10mL 带盖刻度离心管、96 孔培养板、100μL 移液枪及对应枪头、血细胞计数板、EP 管、覆盖用锡箔、冰盒等。

三、实验步骤

1. 细胞准备

收集用 RPMI1640 完全培养液培养的 HL-60 细胞及小鼠腹水瘤细胞，计数，用 PBS 调细胞浓度为 2×10^5 个 /mL。腹水瘤细胞制备见附录二。

2. 细胞中端粒酶蛋白的提取

（1）将 1mL 细胞悬液移入 EP 管中，1000r/min 离心 8min 弃上清；再加 1mL PBS 重悬细胞，3000r/min 离心 10min，弃上清。

（2）向细胞沉淀加 200μL 冷裂解液，吹打混匀后冰上放置 30min，4℃ 16 000g 离心 20min。

（3）小心移取上清液 175μL 于另一新的 EP 管中。如不马上进行端粒酶 TRAP-ELISA 检测，可保存于 -70℃ 冰箱。

3. TRAP 扩增

参照 Roche 公司 TRAP-ELISA 测定试剂盒说明书。在一个 PCR 反应管中，加入 25μL TRAP 反应混合物，2μL 细胞端粒酶提取物，加 DEPC 处理的无菌水至总体积 50μL，置 PCR 仪扩增。

PCR 反应条件：引物延长，25℃ 20min，1 个循环，合成端粒酶延伸产物；94℃ 5min 灭活端粒酶；端粒酶扩增（94℃ 30s，50℃ 30s，72℃ 90s），共 30 个循环；72℃ 平衡 10min，4℃ 保存。

4. TRAP 扩增产物 DNA 变性

在一个 EP 管中，加 5μL TRAP 反应产物，另加 20μL DNA 变性剂（NaOH 终浓度 为 0.1mol/L），20℃ 孵育 10min，使 DNA 变性成单链。

5. DNA 杂交

在 25μL 变性 DNA 液中加入 225μL 杂交缓冲液，置于 37℃ 振荡器内孵育 2h，让地 高辛标记的特异序列探针与扩增的 DNA 进行杂交。

6. ELISA 检测

（1）在已包被链亲和素的 96 孔反应板上，每孔加 100μL 杂交混合物，37℃ 300r/min 摇床孵育 1～2h，甩干杂交液。

（2）用清洗缓冲液洗板 3 次，每孔加 250μL，每次 30s，弃清洗液。

（3）每孔加 100μL 过氧化物酶标记的抗地高辛抗体，20℃ 300r/min 摇床振荡孵育 30min。

（4）用清洗缓冲液洗板 5 次，每孔加 250μL，每次 30s，弃清洗液。

（5）每孔加 100μL TMB-H_2O_2 底物溶液，300r/min 摇床室温避光振荡孵育 10～15min，至孔中液体颜色由蓝变黄。

（6）终止反应。每孔加入 100μL 终止液以终止反应。

（7）酶标仪测定吸光值。终止 ELISA 反应后 30min 之内在酶标仪上测定 A_{450nm}（参 照波长为 A_{690nm}）。样本的吸收值读数为：$A_{450nm\text{-}690nm}$（待测孔）$-A_{450nm\text{-}690nm}$（阴性对照孔） >0.2，则端粒酶活性阳性。$A_{450nm\text{-}690nm}$ 值为 0.2～0.4 定为（＋），0.4～0.9 定为（＋＋）， >0.9 定为（＋＋＋）。

四、注意问题

（1）阳性对照的吸收值在底物反应 20min 后检测，应高于 1.5（$A_{450nm-690nm}$）；而阴性对照的最大吸收值为 0.25（$A_{450nm-690nm}$），否则整个反应需重复。

（2）排除假阳性，最好设置以下 4 种对照。①85℃ 10min 灭活端粒酶；②0.5μg/10μL 提取液＋1μg RNase，37℃，处理 20min，灭活端粒酶；③不加提取液；④不加 CX 或 TS 引物。以上实验可排除引物二聚体或 PCR 污染。

五、作业与思考题

（1）简单描述端粒酶活性检测原理。
（2）如何排除假阳性？

六、参考文献

刘毅，沈杨，任慕兰，等. 2011. 人卵巢实体肿瘤组织中端粒酶活性的两种检测方法的相关性研究［J］. 东南大学学报（医学版）30（6）：927-929.

卫立辛，郭亚军，闫振林，等. 1998. 检测人端粒酶活性的端粒酶 TRAP-ELISA 法的建立［J］. 中华肿瘤杂志，20（4）：264-266.

杨江山，高英堂. 1999. 端粒酶活性检测方法的研究进展［J］. 国外医学临床生物化学与检验学分册，20（6）：243-245.

于晓霞，石英爱，董贺，等. 2008. 不同肿瘤细胞株人端粒酶逆转录酶及端粒酶活性的检测及其意义［J］. 吉林大学学报（医学版），34（4）：84-87.

张艳. 2001. 端粒酶活性检测及检测方法的研究进展［J］. 国外医学临床生物化学与检验学分册，2（5）：234-236.

第四章

细胞生物学著名的实验发现

我们对大自然之道充满惊奇，每一次发现都源于用心的观察与研究。当我们来回顾这些发现时，它会给我们很多启示，告诉我们去关注每一次实验，尊重每一次实验结果。学会观察与思考是科学研究的基础环节，学会设计实验是科学研究的重要过程。

真正的细胞研究始于英国科学家罗伯特·胡克（R. Hooke）发明显微镜并于 1665 年观察到细胞。此后，光学显微镜使观测各种细胞大小及基本结构成为可能。

20 世纪 50 年代以来，电子显微镜及其超薄切片技术的发展，成为研究细胞不可缺少的重要工具，在人们眼前呈现出一个崭新的细胞微观世界。随着亚细胞结构内质网、高尔基体、溶酶体和过氧化物酶体等的发现，细胞生物学研究进入到亚细胞和分子水平。

目前，光学显微镜技术也有了长足的发展，诞生了超高分辨率显微镜，它能够打破光学成像的衍射限制，达到纳米级分辨率，可应用于研究细胞精密结构，如细胞膜蛋白分布、细胞骨架、线粒体、染色质和神经元突触等。该技术领域三位杰出科学家因此而获得了 2014 年的诺贝尔化学奖。

在细胞学科发展过程中诞生了许多著名生物学家（表 4-1），他们拓展了人类对细胞功能的理解和认识，奠定了现代细胞生物学的基础。

表 4-1　发现细胞亚显微结构的科学家及其重要发现

亚显微结构	科学家及重要发现
叶绿体	1947～1950 年，Sam Granick 和波特观察到叶绿体电镜图像
高尔基体	1951 年，A. J. Dalton 和 M. D. Felix 首次用电子显微镜观察到高尔基体亚显微结构；同年，瑞典科学家 F. S. Sjostrand 和 V. Hanson 发表了电子显微镜观察的高尔基亚显微结构图片，对高尔基结构的分析使科学家们意识到高尔基体与细胞内加工和分泌蛋白有关
线粒体	1952 年，帕拉德用电子显微镜观察到线粒体具有一个向内折叠的膜结构；1953 年，F. S.Sjostrand 进一步发现线粒体是双层膜构成
核糖体	1953 年，英国的罗宾逊和布朗用电子显微镜在植物细胞中发现颗粒状结构；1958 年，美国科学家罗伯茨根据这些微粒的化学成分，将其命名为核糖核蛋白体，简称核糖体
内质网	1955 年，柏拉德应用电子显微镜和生物化学技术发现内质网分为粗面内质网和光面内质网，以后又应用电镜放射自显影技术揭示了内质网的功能
细胞膜	1957 年，罗伯逊用超薄切片技术获得了清晰的细胞膜照片，显示暗 - 明 - 暗 3 层结构，称为单位膜
中心体	1959 年，Etienne de Harven 和 Bemhard 发现中心体是由 9 束微管构成的结构
细胞骨架	1961 年，Hans Ris 发现细胞骨架主要由 30nm 和 9.5nm 的纤维组成，并推测微管和微丝与细胞的运动、分裂和收缩有关

一、细胞膜磷脂双层的发现

生物膜是细胞进行生命活动的重要结构基础，是区分细胞内部与周围环境的动态屏障，对维持细胞功能极其重要。

关于膜的化学组成和结构的研究，始于 18 世纪 90 年代，开拓者是欧文顿（E. Overton）。他发现脂溶性物质很容易进入植物根毛细胞，但水溶性物质却不能进入，推测细胞外壁中有脂类存在。

为了证实这一点并了解脂类对于细胞膜结构的贡献，Gorter 和 Grendel 于 1925 年，以人红细胞为材料，首先显微观察了红细胞膜的形态（图 4-1），并对其表面积进行了测算；然后用丙酮抽提了红细胞的膜脂并参照 Langmuir 水盘（Langmuir trough，图 4-2）试验原理，对所抽提的膜脂在水盘表面进行了展层。结果显示，脂展层面积约为红细胞膜面积的两倍。据此，首次提出质膜的基本结构是双脂分子层，这是膜组成和结构研究的重要发现，也是人类第一次从分子水平研究细胞膜的结构。

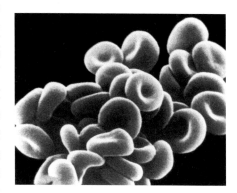

图 4-1 显微镜下的红细胞

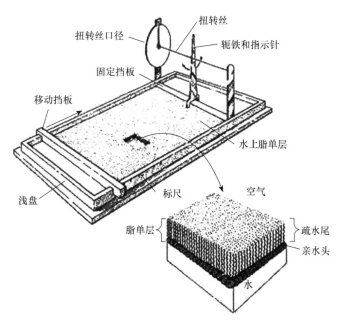

图 4-2 Langmuir 水盘中的脂展层

该研究结论的得出，得益于两方面基础实验方法的建立。一是显微观测技术，可以观测到成熟红细胞没有细胞核和线粒体等膜包裹细胞器，细胞质膜是它的唯一成分的特点，并且能够得出其大小及表面积等数据。二是朗缪尔（Irving Langmuir）建立的 Langmuir 水盘试验方法。该法原理是：脂类等水不溶物质可以浮在水面上形成单层。实验时给槽中注满水，将脂溶液滴在水盘一侧，待溶剂挥发，在水和空气界面形成脂层；然后慢慢移动活动挡板，使脂膜形成单层。

二、线粒体的发现与功能研究

线粒体（mitochondrion）是细胞进行有氧呼吸的主要场所，为细胞中的各种生命活动提供能量，被称为细胞的发电厂。一个细胞内含有线粒体的数目可以从几百个到数千个不等，越活跃的细胞含有的线粒体数目越多，如心脏细胞、脑细胞和肌肉细胞含有线粒体的数目较大。

科学的发现是一个信息量积累的过程，一点一滴的积累最终由量变到质变。人们对线粒体的研究有一个多世纪，就这样逐步被解析。

1850 年，德国生物学家 Rudolph KÖlliker 第一个系统地研究了线粒体，发现在肌细胞的细胞质中存在着一种规则排列的颗粒，并且从肌细胞中分离到这些颗粒。因为它在水中膨胀而推测是半透膜包被的，1898 年首次将这种颗粒命名为线粒体，意为"类似线状的颗粒"。

1900 年，Michaelis 对线粒体功能研究取得突破性进展。他用染料詹钠斯绿（Janus green）对肝细胞染色，染料能将线粒体染成绿色。染色是染料在氧化状态下的结果，当细胞消耗完氧后，线粒体的颜色逐渐消失，从而提示线粒体具有起氧化还原反应的作用。

1913 年，Warburg 从细胞匀浆中分离出线粒体，并证实它能够消耗氧。虽然 1940 年左右 Claude 开创了细胞组分分离技术，但用的是盐作为分离介质，破坏了线粒体的功能。1948 年，Hogeboom 和 Palade 等分离到具有生物活性的线粒体，采用蔗糖作为分离介质，不会破坏线粒体。随着分离纯化方法的发展，线粒体在能量代谢中的作用逐步被揭示。在分离方法上的突破，使得 Kenedy 和 Lehninger 证明了线粒体具有 Krebs 循环、电子传递、氧化磷酸化的作用，用了将近一个世纪来证明线粒体是真核生物进行能量转换的主要部分。

三、溶酶体的发现

比利时科学家德迪夫（Christian de Duve，1917～2013）因发现溶酶体和过氧化物酶体而分享 1974 年的诺贝尔生理学或医学奖。

溶酶体的发现具有偶然性。在 20 世纪的 50 年代初期，de Duve 从事胰岛素的作用机制研究。当时 de Duve 以为酸性磷酸酶定位在线粒体中不参与糖代谢，以酸性磷酸酶作为实验对照，采用分级分离技术来获取所需的酶类。一次偶然的实验，他的学生离心分离线粒体时用了较低转速得到线粒体组分，但是在这些组分里没有检测到酸性磷酸酶的活性。de Duve 没有放过这一偶然现象，并敏锐意识到这种现象背后可能隐藏着一个秘密，他推测酸性磷酸酶可能定位于其他膜结合细胞器。带着浓厚的研究兴趣，他采用匀浆、冷冻、加热或添加去垢剂等方式促进膜破裂，确定了酸性磷酸酶存在于某个膜结合细胞器里。

为了进一步印证，他调整离心速度重新进行组分分离，分析出酸性磷酸酶和一些水解酶类一起存在于较小的分离组分中。共鉴定出 5 种酶，除酸性磷酸酶外，还有核糖核蛋白酶、组织蛋白酶、脱氧核糖核酶和葡萄糖醛酸酶。

1955 年，de Duve 与电子显微镜专家诺维科夫（A. Novikoff）合作，通过酸性磷酸酶染色、光学及电子显微镜观察，证实酸性磷酸酶定位于新的细胞器内，因当时鉴定的酶主要参与水解反应，故将该细胞器命名为溶酶体。

1974 年，de Duve 和另一位比利时细胞生物学家克劳德（A. Claude）及其学生帕拉德（G. Palade）因在细胞结构和功能组织发现方面的卓越贡献而分享当年的诺贝尔生理学或医学奖。

这个实例提示我们在科学研究中不能忽视一些看似与预期不符的细节。

四、高尔基体的发现

高尔基体是内膜系统中一个重要的膜结合细胞器，与细胞的分泌相关，主要功能是将内质网合成的蛋白质进行加工、分类与包装，是细胞内大分子转运的枢纽或"集散地"。

高尔基体最早发现于 1898 年，由意大利神经学家、组织学家卡米洛·高尔基（Camillo Golgi，1844～1926）在观察银盐浸染的猫头鹰神经细胞时发现，将其命名为高尔基体。由于这种细胞器的折射率与细胞质基质很相近，在活细胞中不易看到，因而在其被发现后的约半个世纪，细胞生物学界有很多学者怀疑高尔基体的真实存在。

直到 1944 年，比利时科学家克劳德（A. Claude）和发明超薄切片机的波特（K. R. Porter）率先利用电子显微镜在培养细胞中观察到线粒体、高尔基体和当时尚未命名的内质网结构，高尔基体才被真正认可。这一实例说明科学仪器发展对于科学研究的重要性。

五、细胞周期调控的发现

2001 年的诺贝尔生理学或医学奖颁发给了研究细胞周期的三位生物学家：美国科学家利兰·哈特韦尔（Leland Hartwell）、英国科学家蒂莫西·亨特（Timothy Hunt）和保罗·诺斯（Paul Nurse），以表彰他们在发现"细胞周期的关键调控因子"方面的杰出贡献。而在细胞周期的调控研究中，也不乏其他科学家的贡献。

20 世纪 60 年代，Hartwell 以单细胞生物芽殖酵母为研究对象，利用其便于分离和观察的优势，开展了细胞周期相关的系列研究。利用突变菌，筛选出超百个细胞周期调节蛋白（cell division cycle）基因，其中特别重要的为 cdc28，其是一个控制细胞由 G_1 期进入 S 时期的重要因子，又称为"start"基因。1980 年，Hartwell 又提出了细胞检查点（checkpoint）的概念，指出调节蛋白能让细胞周期暂停，如果细胞检查 DNA 有损伤或破坏，会在进入下一个时期之前完成修补。

1970 年，Rao 和 Johnson 利用诱导同步化的一系列不同时期的 HeLa 细胞与 M 期细胞融合，发现 M 期的细胞具有促进其他时期细胞染色体提前凝聚，产生形态各异的早熟凝集染色体（premature chromosome condensation，PCC）的作用。推测 M 期细胞中存在某种促进间期细胞进行分裂的因子，即成熟促进因子（MPF）。但没有搞清楚这些调控因子的化学本质。

1983 年，Hunt 及其同事利用放射性 35S 标记的甲硫氨酸，体外培养海胆受精卵细胞并利用蛋白凝胶电泳结合放射自显影进行细胞蛋白质分析，研究海胆受精卵卵裂过程细胞内蛋白质含量的变化情况。发现了在未受精卵中几乎不出现的蛋白质随着受精卵细胞分裂周期的变化而呈现规律性变化，他们将这个蛋白命名为细胞周期蛋白（cyclin）。后来在包括哺乳动物在内的多种物种细胞中都发现了周期蛋白的存在。

Paul Nurse 从 20 世纪 70 年代就以裂殖酵母作为实验材料，到 1987 年利用基因工程方法从人的 cDNA 文库中分离出人的 cdc2 基因，一直研究细胞周期调控有关的基因及其编码产物功能。在裂殖酵母和人类细胞中发现了类似于 Hartwell 在芽殖酵母中发现的细胞周期调控蛋白基因及其调节基因，后来将细胞周期调控蛋白基因编码产物统称为周期蛋白依赖性蛋白激酶（cyclin dependent kinase，CDK）。他认为人类拥有与大多数生物体相似的基因，调控细胞周期的模式随着演化的过程被保留下来，因此从简单生物周期模式的研究就能得到人类的相关信息。

后来的研究发现，参与细胞周期调控的核心蛋白分子主要有三类：CDK、cyclin 和细胞周期蛋白依赖性蛋白激酶抑制因子（CDK inbitor，CKI）。CDK 是细胞周期的关键调节因子，通过使底物蛋白磷酸化调控细胞周期；cyclin 和 CKI 对 CDK 起正调节或负调节作用。

三位先驱的成果构筑了细胞周期调控机制的框架，并加速推进了细胞周期和肿瘤发生等方面的研究进程。他们首先考虑的是解决科学问题，虽然都采用低等生物作为研究材料，离人类的应用似乎相距很远，但科学需要远见和开拓精神，他们的研究为现代细胞生物学开拓出更广阔的领域。

六、 照亮细胞的绿色荧光蛋白

2008 年，诺贝尔化学奖颁发给了因发现并发展了绿色荧光蛋白的日本科学家下村修（Osamu Shimomura）、美国科学家查尔菲（Martin Chalfie）和钱永健（Roger Y. Tsien）。该成果不仅让科学家们培育出了荧光老鼠和荧光猪，更是揭开了生物医学的一场绿色革命。三位科学家的贡献分别如下。

工作于美国 Woods Hole 海洋生物学实验室的下村修首次从一种发光水母 *Aequorea victoria* 中分离出绿色荧光蛋白（GFP）。他发现该蛋白质在紫外线下会发出明亮的绿光。 1960 年，下村修加入到研究水母发光机制的行列，他提取水母的发光物质，但是这些提取物离开水母不发光。偶然一次，下村修把提取物无意间混合了一些海水，结果发光了！这些海水中有钙离子，所以他发现了一个重要的秘密"钙离子能够辅助水母中的发光物质发光"。1962 年，他分离出来的蛋白质在紫外线的照射下能够发出绿色的荧光，被称为"绿色荧光蛋白"。

哥伦比亚大学的查尔菲证明了 GFP 作为多种生物学现象的发光遗传标记的价值。查尔菲展开了 GFP 基因应用的研究，先将 GFP 基因转到大肠杆菌中去，幸运地发现大肠杆菌竟然发出了绿色荧光；随后他又成功地让模式生物线虫也表达了绿色荧光蛋白，为体内研究提供了强有力的示踪工具。

加州大学圣地亚哥分校的华裔科学家钱永健的贡献主要在于发现了 GFP 发出荧光的机制，并通过改造 GFP 发色团使其发出绿色之外的其他荧光。这些成果使在同一时间跟踪多个不同的生物学过程成为现实，照亮了今天的细胞生物学等科学研究！

七、细胞凋亡与线虫

细胞凋亡对于生命有机体具有非常重要的生理意义，也在某些疾病进程中发挥作用。

早在 1950 年，Glicksman 就将发育中的细胞死亡现象称为程序性细胞死亡。直到 1972 年，Andrew Wyllie、John Kerr 和 Alastair Currie 正式提出了细胞凋亡（apoptosis）概念，用以描述以细胞皱缩、核浓缩、细胞膜发泡等为形态特征的细胞死亡。

模式动物秀丽新小杆线虫的应用使细胞凋亡研究取得了突破性的进展。该虫体长约 1mm，通身透亮，全身细胞数量不多，便于显微镜观察。它有 1090 个体细胞，但成熟后秀丽新小杆线虫只有 959 个体细胞，说明在发育过程中有 131 个细胞死亡。由于线虫通体透明的特征，在发育过程中这些死亡的细胞容易被观察到，它们表现为典型的程序性死亡。这一全新的凋亡实验动物模型的建立者为英国科学家悉尼·布雷内。他早在 20 世纪 60 年代初期，就正确地选择线虫作为研究对象。这一选择使得基因分析能够和细胞的分裂、分化，以及器官的发育联系起来，并且能够通过显微镜追踪这一系列过程。

随后，悉尼·布雷内和另一位英国科学家约翰·苏尔斯顿（John E. Sulston）、美国科学家罗伯特·霍维茨（H. Robert Horvita）等利用线虫开展了细胞凋亡遗传控制的相关研究，发现了器官发育和程序性细胞死亡过程中的基因调节作用。这些研究结果对于医学研究具有重要意义，对于探索许多疾病的发病机理开辟了新的途径。这三位科学家也因此获得了 2002 年的诺贝尔生理学或医学奖。

这一实例也说明了科学研究中实验材料选择的重要性。

八、蛋白质的地址签

细胞的各项生理活动有赖于细胞内由基因编码表达的蛋白质，因此，细胞内每时每刻都在合成许许多多各种功能的蛋白质，有些要分泌到细胞外，有些运输到细胞器内。是什么指导了细胞功能蛋白的定位呢？蛋白质又是如何穿越细胞器外面的密闭脂膜的？这是当时科学界的难题。

1971 年，美籍德国分子生物学家京特·布洛贝尔（Gunter Blobel）对上面的问题提出了"信号假说"，推测细胞分泌的蛋白质内有引导细胞穿膜的信号。1972 年，阿根廷裔英国生物化学家色萨·米尔斯坦（César Milstein）和同事研究免疫球蛋白 IgG 轻链合成时，证实了信号序列的存在，他们发现分泌到细胞外的成熟的免疫球蛋白在 N 端比合成时少了 20 多个氨基酸，这是一个很关键的发现。1975 年，布洛贝尔设计出更完善的生化实验描述了蛋白质的转运过程，系统地阐明了这种信号序列的组成特征，提出了信号肽的概念。1980 年，布洛贝尔提出了分拣和指导蛋白在细胞内定位的基本原则。在 20 多年的研究与实验中，他阐明了蛋白质地址签的分子机理，并因发现了"蛋白质具有控制其在细胞内转移和定位的内在信号"而获得了 1999 年的诺贝尔生理学或医学奖。

这一发现非常有助于理解某些医学机理。例如，包涵体细胞病是一种遗传性疾病，由于多种水解酶不能有效运输到溶酶体，使得溶酶体的功能缺失，导致发育迟缓与生长障碍为常见症状。布洛贝尔的发现无疑为治疗一些疑难病症找到了新的思路。

与蛋白质运输密切相关的囊泡运输相继于 2013 年获得诺贝尔生理学或医学奖，该奖授予了耶鲁大学的詹姆斯·罗斯曼（James E. Rothman）教授、加州大学伯克利分校的兰迪·谢克曼（Randy W. Schekman）教授以及斯坦福大学的托马斯·聚德霍夫（Thomas C. Südhof）教授。囊泡运输是生命活动的基本过程，是一个极其复杂的动态过程，正如日常生活中所见，细胞内的囊泡运输系统就好比一个城市的交通运输系统，不同的囊泡就好比公交车，装载的各种蛋白质好比乘客，沿着微管运输就好比公交车线路，抵达目的地后卸载也就是到站下车。一个良好的运输状况，需要精细的分子调控。控制得不好，就好像交通事故，严重时整个城市交通瘫痪，类似情况出现时我们的细胞也就无法执行正常功能甚至死亡。

结语：科学研究是一个不断探索和积累的过程，每一次突破性的重大发现在很大程度上都是前人研究成果的延续和拓展。早期细胞生物学重大发现所应用的实验方法和技术，逐渐已成为当前常规的实验技能被推广应用。本教材在实验内容安排上也兼顾了这些实用的技术，不仅能为科研爱好者提供还原诺贝尔奖研究的可能，也期望这些研究经历能让简单的实验生动起来，温故而知新，激发科研兴趣为科研创新助力。

▦ 拓展阅读文献

陈忠. 2004. 揭示程序性细胞死亡的分子机理——解读 2002 年诺贝尔生理学或医学奖 [J]. 生物学杂志, 21（6）：8-9.

崔志芳，邹玉红，季爱云. 2008. 绿色荧光蛋白研究的三个里程碑——2008 年诺贝尔化学奖简介 [J]. 自然杂志，30（6）：324-328.

方德福. 2000. 蛋白质转运的细胞分子机制——1999 年度诺贝尔生理学或医学奖简介 [J]. 生理科学进展, 31（2）：178-180.

林志娟，宋德懋. 2009. 细胞周期的调控——2001 年诺贝尔生理学或医学奖工作介绍及研究进展 [J]. 生理科学进展, 40（3）：274-280.

AlbertsB, Johnson AD, Lewis J, et al. 2002. Moleclular Biology of the Cell [M]. 4th ed. New York: Garland Science.

de Duve C. 2005. The lysosome turns fifty [J]. Nat Cell Biol, 7(9): 847-849.

GH Hogeboom, WC Schneider, GE Pallade. 1948. Cytochemical studies of mammalian tissues; isolation of intact mitochondria from rat liver; some biochemical properties of mitochondria and submicroscopic particulate material [J]. Journal of Biological Chemistry, 172(2): 619-635.

Karp G. 1999. Cell and Moclecular Biology: Concepts and Experiments [M]. 2nd ed. New York: John Wiley & Sons, Inc.

Mulqueen M, Blankschtein D. 2002. Theoretical and experimental investigation of the equilibrium oil-water interfacial tensions of solutions containing surfactant mixtures [J]. Langmuir, 18(18): 365-376.

第五章

细胞生物学先进仪器设备

第一节　细胞观察仪器

一、相差显微镜

1. 简介

相差显微镜（phase contrast microscope）是一种能够将光线通过透明标本时所产生的相位差转换为振幅差的显微镜。由荷兰科学家 Zermike 发明，他因此获得了 1953 年的诺贝尔物理学奖。相差显微镜主要用于观察未染色的活细胞标本，最常用于观察培养的细胞，可清楚地分辨细胞核、核仁以及细胞质中存在的颗粒状结构。

2. 特殊组成及相位差变振幅差的原理

与普通显微镜相比，相差显微镜以环状光阑代替普通孔径光阑，用带相板的物镜代替普通物镜。

环状光阑是具有环形开孔的光阑，可使入射光线以近乎同一相位的方式到达标本（图 5-1）。其安装在载物台下的一个转盘上，与转盘一起组成转盘聚光器。有数个，外面标有 10×、20×、40×、100× 等字样，与不同放大倍数的物镜对应。

相板是位于物镜内部后焦平面处的一个圆形的薄片状结构，分成两个部分，一是通过直射光的部分，为半透明的环状，叫共轭面；其他是通过衍射光的部分，叫补偿面。

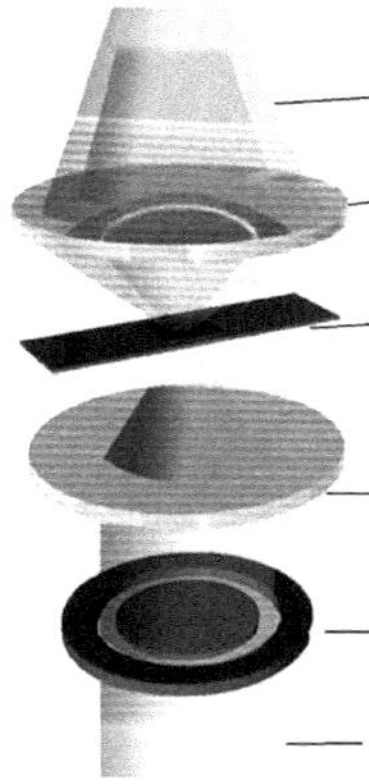

图 5-1　相差显微镜的光路图

除了环状光阑和相板，相差显微镜还有一个进行光路调整的合轴望远镜和缩小入射光光源波长范围的绿色滤光片。合轴望远镜是一个外壳上标有"CT"符号的独立装置，替换一个目镜后用于调节通过环状光阑的环形通光孔与相板共轭面同轴。绿色滤光片的主要作用是缩小照明光线波长范围，使之与相差物镜最佳波长范围（510～630nm）接近，减小照明光线的波长不同引起的相位变化。另外还可吸收一些热量，减少因长时间观察温度升高对标本的影响。Olympus 厂家生产的相差显微镜在镜检时要使用该厂规定的 IF550 绿色滤光片作为配套器件。

相差显微镜相位差变振幅差的原理：光源通过环状光阑后，以近乎同一相位的方式到达标本，其中直射光经反射后通过相板的共轭面到达目镜，衍射光经过反射后通过相板的补偿面到达目镜，两者相干涉成像。通常情况下，衍射光往往比直射光相位延迟约

1/4 波长。当经过共轭面或补偿面涂有可以推迟相位的相位膜时，能够将直射光或衍射光相位延迟 1/4λ，使直射光与衍射光相位同步或相差 1/2λ，两束光发生干涉合成，表现为比背景直射光更强或更弱，提高了明暗差，增强了标本的对比度。

3. 使用操作

见"视频 13　相差显微镜的原理及应用"。

（1）将标本片放到载物台上固定好。

（2）将标识为"0"的光阑旋入光路，按普通显微镜的用法对光、调焦及调整放大倍数至图像清晰、大小适宜。

图 5-2　合轴调节时显微镜中的亮环和暗环

（3）将与物镜放大倍数对应的环状光阑旋入光路，即若用 40× 的物镜，也应该将转盘激光器上标识为 40× 的环状光阑旋入光路。

（4）合轴调整。取下一侧目镜，换上合轴调节望远镜，调整环状光阑（亮环）与相板上的共轭面圆环（暗环）完全重叠吻合。具体做法：①对焦。旋转合轴调节望远镜使亮环清晰。②调大小。升降聚光器使两环大小相等。③合轴。利用按压或旋动聚光器后面两侧调节钮的方式，调节环状光阑的位置，使其上的亮环与相板成像的暗环（位置固定）轴心一致（图 5-2）。

三步调节不必完全按这个次序，应根据实际情况决定先调节哪一步。

（5）相差观察。取下合轴调节望远镜，换回目镜，并放上绿色滤光片即可进行观察。

4. 注意事项

（1）样品厚度。进行相差观察时，样品厚度应该为 5μm 或者更薄。当采用较厚的样品时，样品的上层虽然清楚，但深层则会模糊不清并且会产生相位移干扰及光的散射干扰。

（2）盖玻片和载玻片的影响。样品一定要加盖玻片，否则环状光阑的亮环和相板的暗环无法调重合。相差观察对载玻片和盖玻片的玻璃质量也有较高的要求，当有划痕、厚薄不均或凹凸不平时会产生亮环歪斜及相位干扰。另外，玻片过厚或过薄时会使环状光阑亮环变大或变小。

二、透射电子显微镜

1. 简介

透射电子显微镜（TEM）是以电子束为光源、以透过样品的电子束成像显示超薄切片超微结构的显微镜，具有远高于光学显微镜的分辨率，目前 TEM 的分辨率可达 0.2nm，用于观察细胞超微结构的组成及变化（图 5-3）。

2. 组成及成像工作原理

透射电子显微镜主要由三大部分组成，包括：镜筒放大成像系统、真空系统、电源系统（图 5-4）。

图 5-3　透射电子显微镜外观照片

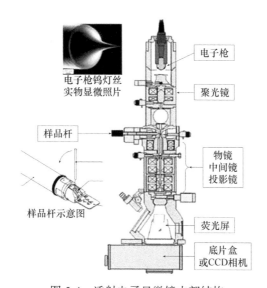

图 5-4　透射电子显微镜内部结构

（1）镜筒放大成像系统包括：电子枪、聚光镜、样品室、透镜组（物镜、中间镜、投影镜）、样品观察室、照相记录装置。

样品室位于中间部分，用于放置铜网样品。

电子枪、聚光镜属照明系统，在样品室上方。电子枪的作用在于产生足够的电子，形成一定亮度以上的束斑，从而满足观察的需要。电子束的波长取决于发射电子束的电压，与电压的平方根成反比，电压越高波长越短。因此，可通过调节电压来调节电子显微镜的分辨率及放大倍数。

透镜组为放大系统，在样品室下方。作用完全与光学显微镜中的透镜一样，在于将电子束汇聚到样品上，然后将从样品上透射出来的电子束进行多次放大、成像。现代

TEM 基本上都是使用磁透镜，这样，只要适当调整磁场强度，就可以得到不同的工作模式。

照相系统（CCD 数码成像系统）在观察室下面。在得到所需图像后，可以利用相机照相的方法把图像记录下来。新一代 TEM 装备了数字记录系统，可以将图像直接记录到计算机中去，这样可以大大提高工作效率。

在镜筒的左边面板上还有高压按钮、放大钮、亮度旋钮及左侧样品移动钮，在镜筒右侧的面板上有聚焦钮和右侧样品移动钮。

（2）真空系统由机械泵和扩散泵组成，用于为镜筒提供一个高真空的环境，以便于高能电子束的运行。

（3）电源系统由两大部分组成，一是供给电子枪的高压部分，二是供给电磁透镜的低压稳流部分。

3. 使用操作

见"视频 14 透射电子显微镜原理及应用"。

操作流程：开机预热→放置样品→抽真空→样品入位→调节电压电流→观察及拍照→图片采集与处理。

具体操作：

（1）开机预热。在准备观察样品前，需要提前打开机器和电源，预热至少 30min 抽真空。

（2）放置样品。将做好的铜网样品放在样品杆上，再插入到镜筒样品室中。

（3）抽真空。打开旋钮抽真空，大约 45s，直至指示灯提示完成。

（4）样品入位。当指示灯提示变绿时，将样品杆转入样品室。

（5）调节电压电流。打开灯丝钮，加高压和灯丝电流，生物样品一般电压 80kV，加电流至饱和值。

（6）观察及拍照。根据需要调整放大倍数和亮度后进行观察。一般先将放大倍数调为 1000 倍，后面可适当调高。可通过样品观察室直接观察样品，再利用照相系统拍照留存。

（7）图片采集与处理。打开软件，连机，实时观察，确定观察点，采集照片，保存数据。

4. 注意事项

（1）样品要求。由于电子穿透力低，样品的密度、厚度等都会影响到最后的成像质量。因此，透射电子显微镜样品的基本要求是：样品必须对电子束是透明的，厚度一般以 100～200nm 为宜，但对于高分辨率 TEM，样品厚度要求为 5～10nm。

（2）使用时严禁瞬间让屏幕上亮度太高。调整放大倍数时，应从低倍到高倍。

三、激光扫描共聚焦显微镜

1. 简介

激光扫描共聚焦显微镜（laser scanning confocal microscopy，LSCM）是 20 世纪 80 年代兴起的一种重要生物医学图像仪器，其利用激光作为光源，在传统光学显微镜基础上采用共轭聚焦的原理和装置，以及通过针孔的选择和 PMT 的收集，经过图像分析软件处理，得到高分辨率的清晰的三维图像。可在亚细胞水平上观察诸如 Ca、pH、膜电位等生理信号及细胞形态的变化，进行荧光原位杂交的杂交点观测和定量分析，成为形态学、分子细胞生物学、神经科学、药理学、遗传学等领域中新一代强有力的研究工具。

激光扫描共聚焦显微镜能应用于细胞形态学研究三维图像重建：LSCM 在不损伤细胞的前提下，产生组织细胞的光学切片，对活组织、活细胞不同层次进行观察和测量。这一功能就是所谓的"细胞 CT"。由共聚焦显微镜的组织光学切片功能采集获得的二维图像数据，经计算机图像处理三维重建软件重组，可得到标本的三维立体结构，揭示亚细胞结构的空间关系，从而能十分灵活直观地进行形态学研究。

（1）用荧光探针显示细胞器及细胞成分。

A. 细胞器的显示。用细胞器特异荧光探针检测不同的细胞器，探针及其激发光和发射光波长见表 5-1。

表 5-1 细胞器特异的荧光探针及其激发光和发射光波长

探针	细胞器	激发光波长 /nm	发射光波长 /nm	颜色
BODIPY	高尔基体	505	511	浅绿色
NBD	高尔基体	488	525	深绿色
DPH	脂类	350	420	蓝色
TMA-DPH	脂类	350	420	蓝色
Rhodamine12	线粒体	488	525	绿色
Dio	脂质	488	500	淡绿色
diI-Cn-5	脂质	550	565	黄色
diO-Cn-3	脂质	488	500	淡绿色

B. 细胞蛋白检测。所用探针及激发光和发射光波长，颜色见表 5-2。

表 5-2 蛋白荧光探针的激发光及发射光波长

荧光探针	激发光波长 /nm	发射光波长 /nm	颜色
FITC	488	525	绿色
PE	488	575	绿色
APC	630	650	红色
PerCP™	488	680	红色
Cascade blue	360	450	紫色
Coumerin-phalloidin	350	450	紫色
Texas Red™	610	630	红色
TRITC-amines	550	575	橙色
CY3	540	575	橙色
CY5	640	670	红色

C. 胞内离子浓度监测。细胞内有大量离子，如钙离子、钾离子、钠离子、氢离子、镁离子等，用各自的荧光探针可监测细胞内这些离子浓度的变化。其中研究较多的

离子是钙离子和氢离子。

钙离子作为第二信使参与许多重要的生命活动，因此，它是最常测定的一种胞内离子。用于检测钙离子的荧光试剂有 Quin-2、Indo-1、Fura-2、Fluo-3、Rhod-2、Calcium Green 等。

细胞内酸碱度与细胞多种代谢活动有关，继而影响到细胞的功能状态。因此，氢离子也是一种关注度比较高的胞内离子。最常用的氢离子荧光探针为 BCECF AM 和 SNARF-1。

如使用双荧光探针 Fluo-3 和 SNAF 则可同时测定 Ca^{2+} 和 pH。

D. 核酸等分子的检测。

（2）测定细胞的周长、面积等参数。

（3）黏附细胞分选。LSCM 是目前唯一能对黏附细胞进行分离筛选的分析学仪器，它对培养皿底的黏附细胞有两种分选方法。

A. Coolie-Cutter TM 法。它是 Meidian 公司专利技术，首先将细胞贴壁培养在特制培养皿上，然后用高能量激光在预选细胞四周切割成八角形，而非选择细胞则因在八角形之外而被去除，该分选方式特别适用于选择数量少的细胞，如突变细胞、转移细胞和杂交瘤细胞，即使百万分之一的概率也非常理想。

B. 激光消除法。其基于细胞形态及荧光特性，用高能量激光自动杀灭不需要的细胞，留下完整活细胞亚群继续培养。

2. 共聚焦显微镜的组成及工作原理

以 OLYMPUS FV1000 激光共聚焦显微镜为例，组成主要有四部分（图 5-5）。

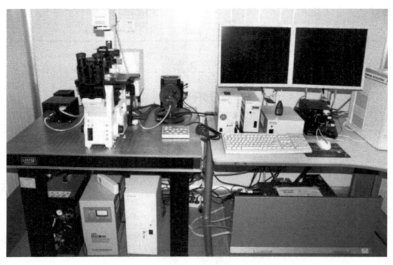

图 5-5　激光共聚焦显微镜系统照片

第一部分，显微镜光学系统，采用 OLYMPUS IX81 型倒置荧光电动显微。

第二部分，扫描装置。

第三部分，激光光源，整合在激光器整合器中。

第四部分，图形处理软件。

传统的光学显微镜使用的是场光源，标本上每一点的图像都会受到邻近点的衍射光或散射光的干扰（图5-6A）；激光共聚焦显微镜利用激光束经照明针孔（pinhole）形成点光源对标本内焦平面上的每一点进行扫描，标本上的被照射点在探测针孔处成像，由探测针孔后的光电倍增管（PMT）或冷电耦器件（cCCD）逐点或逐线接收，迅速在计算机监视器屏幕上形成荧光图象。由于部分散光没有被PMT探测器探测到，从而提高了成像效果。通过对样品在 x-y 方向上的逐点扫描，可以形成二维图像。如果调解焦平面在 z 方向的位置，连续扫描多个不同 z 位置的二维图像，则可以形成一个3D图像。图5-6B为激光共聚焦显微镜光路图。

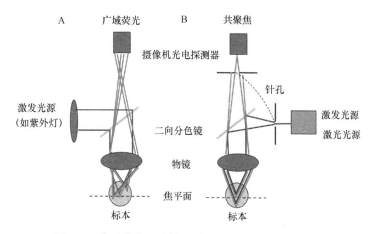

图5-6 普通荧光显微镜和共聚焦显微镜光路对比图

其与普通荧光显微镜相比，在结构和功能上的主要改变包括：①在载物台上加了一个微量步进马达，可使载物台上下步进移动，步进距离小（最小步进距离为 $0.1\mu m$），使细胞或组织各个横断面的图像都能清楚地得以显示，实现了"光学切片"的目的。这就是"细胞CT"名称的由来。"细胞CT"功能通过狭缝扫描技术将我们对细胞的研究由多层叠加影像推进到真正的平面影像水平，使图像更加清晰。②将断层图像与三维重建图像有机地结合了起来，不但能揭示细胞内部的结构和提供细胞的长、宽、厚、断层面积、细胞体积等参数，而且可以给人以三维立体的概念，如可以使细胞旋转起来从而能随意观察细胞各个侧面的表面结构。

3. 使用操作

以OLYMPUS FV1000激光共聚焦显微镜操作为例，见"视频15 激光共聚焦显微镜的操作与应用"。

操作流程：开机→放置样品→显微镜观察→样品的图像采集→刻录数据→关机。

详细步骤：

（1）开机。打开扫描单元控制器电源，并将钥匙旋转到ON位置；依次打开显微镜电源、荧光汞灯电源和激光器电源，然后，根据需要用钥匙打开相应的开关；打开电脑，登录系统，双击打开共聚焦软件FV10-ASW应用软件。注意：先开硬件，后开软件；先开电源，后开钥匙；汞灯开启后，30min内勿关，汞灯关闭30min以后才能再次开启。

（2）放置样品。共聚焦显微镜样品主要有两类：组织切片样品和细胞标本。组织切片要切得薄些，切片厚度一般在4～35μm，细胞标本则要求细胞密度适中，形态完整。

放置样品时，将制备好的样品放上载物台，组织切片样品须使用载玻片，安放时，盖玻片向下，倒扣在载物台上；观察活细胞样品时，必须使用共聚焦专用培养皿。

如果使用油镜，按下显微镜或软件中的Escape（物镜会自动下降）将载物台移到加油位，在油镜镜头上滴一滴专用无荧光浸油，将载物台移到样品需要观察的位置再按下显微镜或软件中的Escape（物镜会自动上升回到原来的焦面）。

（3）显微镜观察。①DIC（微分干涉差）明场立体图。使用手控面板选择物镜；插入起偏镜；插入微分干涉滑块；FV10-ASW软件中点击透射光观察按钮，打开卤素灯快门，使用TD滑块控制卤素灯的光强。根据样品需要可旋转DICT旋钮实现对比度的调节；标本聚焦。②荧光图：使用手控面板选择物镜；拉出检偏镜（DIC滑块），打开汞灯机械快门（shutter）；FV10-ASW软件中点击汞灯观察按钮，打开汞灯快门；使用手控面板选择荧光滤色片（WU：紫外激发/蓝色荧光；NIBA：蓝色激发/绿色荧光；WIG：绿色激发/红色荧光）；标本聚焦。

（4）样品的图像采集。①点击FV10-ASW软件中的汞灯观察按钮关闭汞灯快门或点击透射光观察按钮关闭卤素灯快门。②点击染料选择按钮，点击All Clear，清除前一实验设置，在染料列表中，双击添加荧光染料。③点击Apply按钮。关闭染料选择面板可以用Close按钮。④选择TD1。⑤点击序列扫描，并选择线序列方式。双染以上一定要选上，可避免激发光串色。⑥点击XY Repeat按钮开始扫描，也可点击Focus×2或Focus×4按钮进行快速扫描，点击聚焦按钮，寻找焦平面。⑦调节探测器的灵敏度（HV）和共聚焦的孔径大小（C.A.）及激光器输出（Laser），使图像清晰尖锐。⑧点击"stop"，停止扫描。⑨选择AutoHV，并选择扫描速度。⑩点击XY按钮取得一幅图像。⑪保存图像。

（5）刻录数据。图像保存后，退出FV10-ASW软件，然后刻录数据，刻录数据时注意：必须用新的光盘，严禁使用U盘、移动硬盘等。

（6）关机。依次关闭计算机、扫描单元控制器钥匙和电源，接着关闭显微镜电源、汞灯电源、激光器电源。关闭激光器电源时要注意：先关钥匙，千万别马上关闭电源，等待激光器温度降低后再关电源，约等待10min。

等待期间，用擦镜纸蘸取适量擦镜液擦拭物镜镜头。

待仪器冷却后，盖上防尘罩。

4. 注意事项

（1）标本厚度。最佳样品应是单层散在排列的单细胞或单层贴壁细胞。因目前激光共聚焦显微镜最大有效解析厚度为0.45μm，最小扫描距离为0.1μm，因此，可适用于较厚的组织切片、细胞涂片等方面的研究，实现三维重建图像。

（2）染色用荧光染料。所用荧光染料颜色最好不同于细胞自发荧光。

（3）激发光强度不可太强，扫描时间不可太长，避免引起"染料的光漂白"，以及荧光染料分子分解产生单态氧或自由基等细胞毒素。

（4）封裱剂。必须无自发荧光、无色透明。常用甘油和0.5mol/L pH 9.0～9.5的碳酸盐缓冲液等量混合后用作封裱剂。

（5）观察所用器皿要干净，底部不能太厚且无划痕。激光共聚焦显微镜的载物台设计灵活，可以放置载玻片、35mm 平皿、培养皿、活细胞观察及灌流系统等多种器皿。常用的器皿有盖玻片、载玻片及 Petri 皿等。进行活细胞长时间观察时，可以采用专门的灌流系统。但无论哪种器皿，都要干净，底部不能太厚且无划痕。

四、超高分辨率荧光显微镜

（一）简介

超高分辨率显微镜指多种基于突破光学显微镜理论空间分辨率极限技术构建的、能够打破光学成像的衍射限制、达到纳米级分辨率的光学显微镜。超高分辨率显微镜能够将传统成像分辨率提高 10~20 倍，成为研究细胞结构与组成的利器，有着广泛的生物学应用，包括细胞膜蛋白分布、细胞骨架、线粒体、染色质和神经元突触等。

所谓"光学成像的衍射限制"最早由 Ernst Abbe 于 1873 年第一次发现，即光学成像具有衍射限制现象，导致物体在显微镜下的图像显著扩散，使它永远不可能获得比所用光的半波长更高的分辨率。后来，物理学界就公认，显微镜的分辨率具有极限，该极限与光源的波长有关，被称为"阿贝衍射极限"。为了打破该极限以提高光学显微镜的分辨率，多国科学家进行了大量的探索与努力，最后打破了这一极限，将光学显微镜带入纳米尺度。其中以美国弗吉尼亚州霍华德·休斯医学研究所的埃里克·白兹格（Eric Betzig）、美国加利福尼亚州斯坦福大学的威廉·莫尔纳（William E. Moerner）和德国马克斯·普朗克生物物理化学研究所的物理学家斯蒂芬·黑尔（Stefan W. Hell）的贡献最为突出，他们 3 人因此而获得了 2014 年的诺贝尔化学奖。

目前，最新一代光学显微镜技术具有高级多模块超高分辨率系统。代表性的如由美国 GE 公司开发的、2008 年出现于世界各地的 DeltaVision OMX 超高分辨率显微镜系统（图 5-7，高柜为内装倒置显微镜的防震台，低柜内有激光器和交换机等，另配有显示屏）。

（二）超高分辨原理

现有超高分辨率显微镜主要基于受激发损耗（stimulated emission depletion，STED）技术、随机光学重建显微镜（stochastic optical reconstruction microscopy，STORM）技术、光敏定位显微镜（photoactivated localization microscopy，PALM）技术和单分子显微镜（single molecule microscopy）技术等构建。总的工作原理是，利用单分子荧光成像突破光学分辨率的极限。这项技术可以将单个分子的荧光打开或者关掉。对同一区域反复成像，每次只允许几个分散的分子发光。将这些图像叠加就获得了分辨率达到纳米尺度的图像。

美国通用公司开发的 DeltaVision OMX 组成主要

图 5-7　DeltaVision OMX 超高分辨率显微镜外观

包括：显微镜操作系统、数据图像处理系统、显微镜系统和激光器系统。该系统提供2D 和 3D 结构照明（SIM）技术，以及单分子定位显微镜及快速宽场采集高分辨率成像模式。Blaze SIM 模块实现了高速 SIM 成像，使活细胞超高分辨率成像成为现实。

（三）使用操作

见"视频 16　超高分辨率荧光显微镜"。

操作流程：开机→放置样品→图像采集→图像处理→图像保存。

详细操作：为视频拍摄脚本。

1. 开机

（1）硬件。①打开显微镜柜和激光器柜总电源开关；②打开激光器柜 OMIXICPC 电源开关；③打开激光器柜 CAMERA 电源开关；④打开激光器柜激光器电源开关；⑤打开激光器柜 NANOMOTION CHASSIS 电源开关；⑥打开激光器柜 OMX INSTRUMENT CONTROLLER-BLAZE 电源开关；⑦打开激光器柜 GALVO 开关；⑧打开显微镜柜 GALVO 开关；⑨打开照相机制冷开关；⑩打开照相机电源开关。

（2）软件。①启动 WORKSTATION；②输入用户名；③输入密码；④启动 MASTER WORKSTATION；⑤点击 RDP 检查 OMXIC 和 CAMERA1、2 是否连接上（自检）；⑥点击 DETA VISION OMX 启动软件；⑦点击 INSTRUMENT→STATUS→RESTART HARDWAVE 进行硬件和照相机初始化（依次点击菜单）。

2. 放置样品

（1）打开显微镜柜门。

（2）将镜油滴加在镜头上。

（3）将待检样品倒置在载物台上。

（4）调整载物台使镜头位于待检样品中间。

（5）关闭显微镜柜门，至门上红色三角灯亮起。

3. 图像采集

（1）粗聚焦。

（2）点击 SPIRAL MOSAIC 广范围搜寻样品。

（3）点击选中的样品。

（4）精聚焦确定被选样品的中心位置。

（5）预览图像，调整曝光度和曝光时间。

（6）设立样品的扫描上限和下限。

（7）点击 EXPERIMENT 设定扫描间距、扫描层数和每个扫描层的厚度。

（8）建立文件保存位置。

（9）点击 RUN 开始扫描拍照。

4. 图像处理（转左电脑）

（1）点击 PROCESS 选择批处理程序，加载重构处理、校准处理和重叠处理（建立任务，task builder）。

（2）点击 DATA FOLDER 选取要分析的文件。

（3）将文件拖入到批处理程序中进行图像处理。

（4）点击 VIEW 选取 VOLUME VIEWER 进行图像旋转处理：①将重构图拖入其中；②设定重叠参数；③设定旋转角度；④处理图像（Do it）（需准备荧光样品，现成的图片文件）。

5．图像保存

处理后的图像用图片模式或动画模式保存。

（四）注意事项

（1）开机时先开硬件后开软件。

（2）关机时先关软件后关硬件。

（3）放置样品时要轻拿轻放，严禁向载物台施压。

（4）操作环境要保持 19～22℃以保证激光器工作正常。

 拓展阅读

超高分辨显微技术的发展过程

1873 年，Ernst Abbe 第一次发现：光学成像具有衍射限制现象，导致物体在显微镜下的图像显著扩散，使它永远不可能获得比所用光的半波长更高的分辨率。后来，物理学界就公认，显微镜的分辨率具有极限，该极限与光源的波长有关。这个极限被称为"阿贝衍射极限"。

20 世纪 90 年代，罗马尼亚物理学家斯蒂芬·黑尔（Stefan Hell）推翻了这一观点。他是首位不仅从理论上论证了，而且用实验证明了使用光学显微镜能达到纳米级分辨率的科学家。他的研究起始于 20 世纪 80 年代中期，先后于 1994 年在《光学快报》（Optics Letters）和 2000 年在《美国国家科学院院刊》（PNAS）上发表了他关于 STED 的理论文章。STED 是受激发射损耗（stimulated emission depletion）的英文缩写。STED 技术同时使用两束激光，其中一束激发荧光分子发光，另外一束将除了一个纳米尺寸之外的荧光全部猝灭掉。这样，通过一个纳米一个纳米地扫描样品，我们可以获得分辨率高于阿贝衍射极限的图像（意思是：如果使用一种合适的激光，仅激发一个点的荧光基团使其发光，然后再用一个面包圈样的光源抑制那个点周围的荧光强度，这样就只有一个点发光并被观察到了）。

随后，多个研究小组开展了相关研究。2006 年，美国的 Eric Betzig、Harald Hess，以及 Lippincott-Schwartz 小组、Samuel Hess 小组、庄晓威（音译）小组几乎同时报道了他们提高显微镜分辨率的科研成果。其中，哈佛大学霍华德休斯医学研究所（Howard Hughes Medical Investigator at Harvard University）的研究员庄晓威科研小组的科研成果在《自然 - 方法》（Nature Methods）杂志上发表，他们将这项成果命名为随机光学重建显微镜（stochastic optical reconstruction microscopy，STORM），使用 STORM 可以以 20nm 的分辨率看到 DNA 分子和 DNA- 蛋白质复合体分子。美国国立卫生研究院（NIH）的 Jennifer Lippincott-Schwartz 等在《科学》（Science）杂志上发表了他们的光敏定位显微镜（photoactivated localization microscopy，PALM）研究成果，使用 PALM 可以清楚地看到细胞黏着斑和特定细胞器内的蛋白质。美国缅因州立大学（University of Maine）物理系的助理教授 Samuel Hess 等在《生物物理学期刊》（*Biophysical Journal*）上发表了其研究小组的荧光光敏定位显微镜（fluorescence photoactivation localization microscopy，FPALM）技术；2007 年，Hess 小组证明了 FPALM 可以分辨细胞膜脂筏上的蛋白质簇。

另一项工作来自于埃里克·白兹格（Eric Betzig）和威廉·莫尔纳（William E. Moerner），他们各自独立地建立了单分子显微镜（single molecule microscopy）的技术，GSDIM 和超高分辨率显微镜 Leica SR GSD 3D 正是基于这项技术。这项成果可以将单个分子的荧光打开或者关掉。对同一区域反复成像，每次只允许几个分散的分子发光。将这些图像叠加就获得了分辨率达到纳米尺度的图像。在 2006 年，埃里克·白兹格首次使用了这种方法。

为了表彰他们为发展超高分辨率荧光显微镜所作的贡献，2014 年的诺贝尔化学奖授予了埃里克·白兹格（Eric Betzig）、斯蒂芬·黑尔（Stefan Hell）和威廉·莫尔纳（William E. Moerner）。

STORM、PALM 等技术的问世，使得超高分辨率显微镜的诞生成为可能。早在 2004 年，徕卡显微系统（Leica Microsystems）就与 Stefan Hell 合作推出了第一台商业化超高分辨率显微镜 Leica TCS 4Pi4Pi，开启了超高分辨率产品商业化的先河。目前，已有多家国际公司生产超高分辨率显微镜。

美国 GE 公司的 DeltaVision OMX 超高分辨率显微镜系统，基于 3D-SIM（three-dimensional structured illumination microscopy）的技术原理，具有独特的高级多模块超高分辨率系统。

五、高内涵细胞成像和分析系统

1. 简介

高内涵细胞定量成像分析系统，也被称为高内涵筛选（high content screening，HCS），是通过自动化细胞成像，综合生物信息学，对群体细胞表型进行定量分析，将细胞图像转化为数值数据。该系统高度整合全自动高速成像、自动活细胞监测系统以及全自动图像分析和数据管理系统，能在短时间内生成大量的图像。高内涵，意味着丰富的信息，包括：①单个细胞图像和各项指标；②细胞群体的统计分析结果；③细胞数量和形态的改变；④亚细胞结构的变化；⑤荧光信号随时间的变化；⑥荧光信号空间分布的改变等。另外，活细胞工作模块可以对细胞进行长期动态监测。

市场上有多家公司提供该类产品，包括 GE Healthcare（通用医疗）、Thermo Fisher（赛默飞世尔）、PerkinElmer（珀金埃尔默）、TTP Labtech 等。这些仪器可以分为三大类：宽场荧光显微镜型高内涵（如 PerkinElmer Operetta）、共聚焦荧光显微镜型高内涵（PerkinElmer Opera、GE Healthcare 的 IN Cell 6000、Thermo Fisher 的 ArrayScan Infinity）和激光扫描型高内涵（TTP Labtech 的 Acumen eX3 和 Acumen hci）。几种类型的超高分辨率显微镜各有特点：宽场型高内涵光源发射全波段光线，因光速能量较低、光束较宽，不能用于人工荧光淬灭类的实验，优点是成本较低。共聚焦型高内涵采用针孔成像，能够屏蔽掉焦平面外的散射光从而得到清晰的图像。激光扫描型高内涵以激光作为光源、针孔成像并通过计算机程序控制自动改变观察的焦平面，进行"光学切片"和图像叠加，重构出样品的三维结构。由于可将激发光的照明点限制在很小的区域，可用于漂白实验；但因采用激光光源，波长受限、光速转换慢、图像获取速度也变慢，并且系统组成复杂，设备成本和使用成本高。

2. 组成及工作原理

以 PerkinElmer Operetta 高内涵细胞分析系统（图 5-8）为例，该系统紧凑且经济实惠，可作为高内涵筛选应用的入门仪器。它使用氙灯光源，有一个照相机和滤光片转轮，可选择激发波长，支持各种荧光染料。更灵活、更经济。

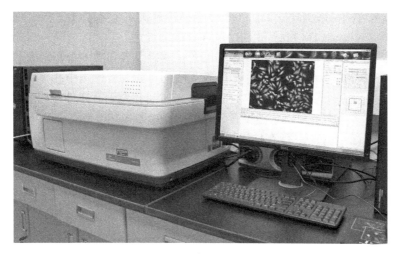

图 5-8　PerkinElmer Operetta 高内涵细胞成像和分析系统外观

该系统包括三大部分：光源、显微观察成像系统、图像分析系统。

（1）光源包括常规明场光源（整合主机内）为明视场观察提供照明，以及高能氙灯（外置光纤连接）为荧光成像提供稳定、高功率的激发光源。

（2）显微观察成像系统主要为高度整合的倒置显微成像装置。主要组成包括：自动型条形码识别滤光片系统、高规格成像物镜、明场照明系统、大动态范围的成像 CCD（整合）以及精准控制的细胞培养室。各部件高度整合，均可以通过软件进行自动化管理和使用。提供普通明场、DPC 明场、宽场荧光成像和共聚焦 4 种成像方式。

（3）图像分析系统内装 columbus 分析软件，用于在 PC 上直接登录对数据进行全自动图片处理分析并导出数据。

3. PerkinElmer Operetta 型高内涵细胞成像和分析系统使用操作

见"视频 17　高内涵细胞成像和分析系统"。

操作流程：打开仪器电脑和显示器→登录 operetta→打开 operetta 主机电源→登录账号进入 harmony 软件→开启氙灯光源（若只用明场可不开）→设置各相关参数→保存拍摄程序并命名→成像拍摄→图片分析→关机。

详细步骤如下。

（1）打开仪器电脑主机和显示器电源。

（2）登录 operetta 用户。

（3）打开 operetta 主机电源，仪器指示灯闪烁显示自检，直至停止闪烁。

（4）打开 harmony 软件，用账号登录进入，即在右上角显示 Operetta connected。

（5）开启氙灯光源，预热约 30min。

（6）点击 Set up 菜单左侧（拍摄参数设置菜单），依次按要求设置成像板类型、物镜类型、荧光光源和透射光源功率、成像方式及荧光通道参数。以观察 DRAQ5TM 和 CellMaskTM blue 双染的 HeLa 细胞为例，设置成像板类型为 384 PE cellcarirrer plate，物镜类型为 40×WD（物镜设置后仪器灯闪烁自检，按提示框调整镜头校正环的大小，打开样品仓用牙科镜观察校正），荧光光源功率为 50%，透射光源功率为 0%（不进行明场成像），成像方式一般为非共聚焦（也可选择转盘式共聚焦成像模式），荧光通道参数为仪器预设的 CellMaskTM blue 和 DRAQ5TM 的双通道。

（7）在界面右侧设置所需要的拍摄样品孔位置以及各孔中的视野位置和数量。

（8）点击软件界面右上 Open 打开仪器，按正确方式放进拍摄孔板，合上仪器，待仪器稳定后，选定一个视野对拍摄各通道的曝光时间和焦面高度进行调整，以找到最合适的拍摄参数（多个通道可以单独设置各自的拍摄参数）。

（9）点击界面左侧 save 保存拍摄程序并命名。

（10）切换至 Run Experiment 界面，选择相应拍摄程序，然后按要求设置 standby 选项以及拍摄样品名称，点击 strat 开始成像实验。

（11）拍摄结束后，在 Image Analysis 进行图片分析参数设定后 Evaluation 界面的批量分析，或通过 Setting—Date Manangement 上传至服务器或本地 PC 以进行后续处理分析。

（12）点击右上角 OPEN，仪器灯显示向上的箭头后，打开仪器，取出样品板，依次关闭软件、operetta 主机电源和主机电脑，约 0.5h 后待氙灯光源后出风口出凉风后关闭氙灯光源。

如果需要进行长时间动态监测，在第（6）步设置参数时还需设置时间系列以及在界面右上角 Setting—TCO 设置 CO_2 浓度和温度，并打开 CO_2 钢瓶阀门；在第（12）步取出样品后在进行 Setting—TCO 关闭温度和 CO_2，关闭 CO_2 阀门。

若需要对厚样本进行多扫描成像分析，则需要在第（6）步设置参数时设置 stacks 参数。若有分析程序，也可在第（8）步设定拍摄程序时选择添加。

4．注意事项

（1）正确关联仪器的各部分。

（2）开、关机顺序要正确。

（3）减少高能氙灯的启动次数，并且在开启氙灯后不可立即关闭，需待光源彻底冷却之后才可关闭。

（4）严禁在仪器指示灯闪烁时打开仪器，严禁在仪器指示灯为红色时进行操作。

（5）按规定使用 CO_2 高压气体钢瓶。

第二节 细胞分选设备

一、流式细胞仪

（一）简介

流式细胞仪（flow cytometry）是对细胞进行自动分析和分选的装置，它可以快速测量显示悬浮状态的分散细胞的一系列生物物理、生物化学的特征参量，并可以把其中特定的细胞亚群从中分选出来。在血液学、免疫学、肿瘤学、药物学、分子生物学等学科广泛应用。

目前，流式细胞仪的生产公司主要有 3 家：美国的 Beckman Coulter 公司和 Becton-Dickinson 公司（简称 BD 公司）以及德国默克公司的默克密理博。前两家主要生产传统流式细胞仪（图 5-9），默克密理博可生产新一代 guava 微流式流式细胞仪。

图 5-9　BD FACSCalibur 流式细胞仪外观

（二）流式细胞仪组成及工作原理

流式细胞仪可同时进行多参数测量，信息主要来自非荧光散射信号和特异性荧光信号。散射信号的强度主要取决于细胞的大小、形态和细胞的内部结构。根据接受信号探测器的不同角度，分为前向散射光和侧向散射光，其中前向散射光的强度与细胞大小相关，侧向散射光与细胞的形态和内部精细结构复杂程度相关。特异性荧光信号来自于与细胞组分结合的特异性荧光抗体或荧光探针。在细胞生物化学等测量中，根据这两种信号强度的测定，对细胞群进行定量或定性分析。具体组成及作用如下。

1. 液流系统

液流系统包括流动室及液流驱动系统。流动室是流式细胞仪的核心部件，由石英玻璃制成。单细胞悬液在流动室里被鞘流液包绕下，成单行排列依次通过流动室内一定孔径的孔，此处为检测区，细胞在此与激光垂直相交。

2. 光学系统

光学系统包括激光光源、若干组透镜、滤光片等。流式细胞仪通常以激光作为发光源。常用的激光管是氩离子气体激光管，它的发射光波长 488nm；还可配备氦氖离子气体激光管（波长 633nm）和（或）紫外激光管。

在激光光源和流动室之间，有两个圆柱形透镜，将激光光源发出的横截面为圆形的激光光束聚焦成横截面较小的椭圆形激光光束（22μm×66μm），使通过激光检测区的细胞受照强度一致，最大限度地减少杂散光的干扰。在流动室后，有多组滤光片，可通过变化组合，将不同波长的荧光信号送到不同的光电倍增管（PMT）。如接收绿色荧光（FITC）的 PMT 前面配置的滤光片是 LP550 和 BP525，接收橙红色荧光（PE）的 PMT 前面配置的滤光片是 LP600 和 BP575，接收红色荧光（CY5）的 PMT 前面配置的滤光片是 LP650 和 BP675。

来自光源的激光，经过聚焦整形后，垂直照射在荧光染色的成单行排列依次通过激光检测区的细胞时，产生散射光和激发荧光（透射光）。

3. 信号检测与转换系统

该系统为电子系统，包括光电管和检测系统，完成信号处理。组成仪器包括光电接收器（PMT）、光电二极管、放大器、A/D 转换器等。荧光信号由光电接收器接收后转变为电信号，电脉冲信号经 A/D 转换器转换成数字信号。

激光光源照射细胞产生前向角散射光（forward scatter，FSC）和侧向角散射光（side scatter，SSC）（图 5-10）。前向角散射光被前向光电二极管接受，基本上反映了细胞体积的大小；侧向角散射光号经过一系列双色性反射镜和带通滤光片的分离，形成多个不同波长的信号，由与激光束垂直的 90° 方向的光电倍增管接收后将其转变为电信号。电脉冲信号经 A/D 转换成数字信号再传送到与流式细胞仪相连的计算机。

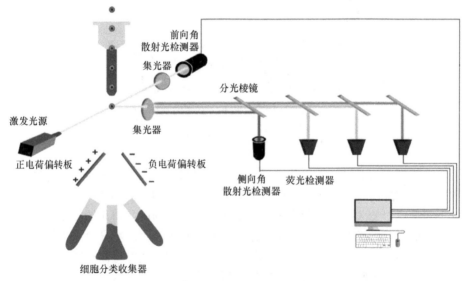

图 5-10 流式细胞仪光路及细胞分选原理

4. 信号存储、显示、分析系统

该系统由与主机连接的计算机完成。

5. 细胞分选系统

细胞的流式细胞仪分选是指在流式细胞仪中将标记荧光的细胞和未标记荧光的细胞分开的技术。

（三）Accuri C6 流式细胞仪操作过程

操作方法见"视频 11　BD Accuri C6 流式细胞仪的使用"。

1．开机流程

（1）开启电脑，打开操作软件。

（2）放置一管双蒸水在上样针处，并检查所有液流瓶中的液面高度，确认可以维持仪器正常运行。

（3）按下电源键开启机器，仪器自动执行启动流程，时间大约 5min。

（4）启动流程完成后，仪器状态显示"Cytometer Connected and Ready"即仪器连接成功并已准备可用。

（5）检测样品前运行双蒸水 15min，润洗仪器管路。

2．采集样品

（1）依次放置对照样品和实验样品于上样针处。

（2）设置采样条件。采样数目常规为 10 000 个细胞，上样速度常规为中速（medium）；分别选择样品位置，命名样品名称；建立横纵坐标分别为前向散射光（FSC）和侧向散射光（SSC）散点图。

（3）点击"run"，开始采样，采样结束后数据会自动保存。

3．数据分析

（1）采集结束后，有三种分析方式进行分析，包括直方图、散点图和密度图。常规使用散点图进行分析，建立横纵坐标分别为两种荧光强度的散点图。

（2）设门。在 FSC 和 SSC 散点图（图 5-11）中，根据颗粒的大小，利用多边形圈中图中的细胞，排除在外的小颗粒多为细胞的碎片等。

建立图 5-11 中"圈内"细胞的 FL1-AnnexinV-FITC 和 FL3-PI 的散点图（图 5-12），根据荧光信号强度设立十字门，PI 和 FITC 荧光信号双阴性细胞群位于十字门的左下象限，代表了未被染色的正常细胞；荧光信号双阳性细胞群位于十字门的右上象限，代表

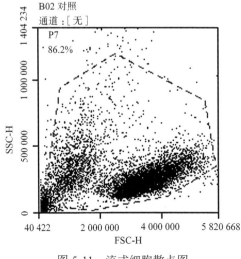

图 5-11　流式细胞散点图

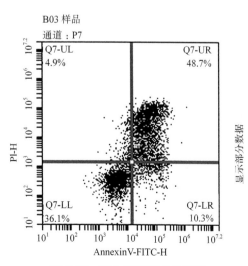

图 5-12　凋亡细胞流式分析图

了凋亡晚期细胞；PI 单阳性细胞位于左上限，代表了坏死细胞；FITC 单阳性细胞位于右下限，代表了早期凋亡细胞。

4. 实验结果保存

点击 File 工具栏，选择"EXPORT file"工具输出原始实验结果；同时也可以直接拖动画好的散点图至桌面保存分析后实验结果。

5. 关机流程

（1）清洗仪器。取下样品管，依次放置一管双蒸水，高速运行 2min；更换为一管有效氯浓度为 0.5%～1% 的次氯酸钠溶液，高速运行 5min；再更换为一管双蒸水，高速运行 5min。

（2）退出软件，关闭电脑；按下电源键，仪器会自动执行关机清洗流程，时间约为 13min，完成后仪器会自动关机。

（四）注意事项

（1）注意开机顺序，正确关联机器和电脑。

（2）当 C6 启动时，不要打开仪器的盖子，因为打开盖子会干扰激光预热的过程，并延长启动时间。

（3）上样前确认样本已过滤去除细胞团块，防止管路堵塞；上样时需混匀样本。

二、细胞磁分选仪

（一）简介

磁性活化细胞分选（magnetic activated cell sorting，MACS）技术是利用细胞磁分选仪，通过外加磁场和撤离磁场这种简单的物理方法实现磁珠标记细胞和非磁珠标记细胞分离的技术。

应用最广的细胞磁分选仪为德国美天旎生物技术公司（Miltenyi Biotec）的系列产品，包括手动和自动两大类，前者组成简单（图 5-13），所有操作均为手动，如美天旎的 MiniMACS 和 MidiMACS，分别用于少量和大量细胞样本分选；后者如 autoMACS Pro（图 5-14），是一个由计算机控制的全自动细胞磁分选设备，分选速度高，每秒可达

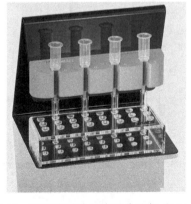 

图 5-13　美天旎手动细胞磁分选仪（MACS）　图 5-14　autoMACS Pro 磁分选仪外观

10^7 个细胞，细胞回收率高（90%）、所分选细胞纯度高（95%），所分选生物细胞力强，可直接用于后续各种实验。并能顺序处理 6 个标本。

（二）细胞磁分选仪组成及磁分选原理

手动磁分选仪组成简单，主要包括磁珠、分选柱和分选器。

（1）磁珠是由多聚糖和氧化铁组成的超顺磁化微粒，直径约 50nm，体积是细胞的百万分之一，标记后不损伤细胞，可被细胞生物降解。

（2）分选柱是一类填充有不同规格磁珠的柱形塑料容器，在磁场外 MACS 分选柱没有磁性，当置于永磁铁的磁场中，磁性标记细胞从分选柱通过时受到磁力作用，在磁场中悬浮，不凝聚不沉淀，而未标记的细胞在重力作用下流出。柱式设计类似层析式，逐级分离有效提高纯度和回收率。

（3）分选器由可 270° 紧贴包围分选柱的永磁铁与吸附永磁铁的特制铁架组成。

全自动分选仪组成相对复杂，不做详细介绍。

磁分选原理：因磁珠在磁场中的磁力作用，磁珠标记细胞和非标记细胞经过磁场中的分离柱时，标记细胞被滞留在磁场中，而非标记细胞流出分离柱从而达到磁珠标记细胞和非标记细胞的分离。

（三）手动磁分选操作

操作方法见"视频 10　细胞磁分选原理及应用"。

1. 准备分选样品

将分选试剂从冰箱冷藏室（2～8℃）取出，平衡到室温（15～25℃）。振荡混匀磁珠，按产品说明书要求的剂量加入细胞；用旋转混合器孵育磁珠，在室温下保持超过 10min。

2. 准备分选装置

先将分选柱放到磁力架上，再将有废液收集管、阴性对照细胞收集管、磁珠标记细胞收集管的试管架放在磁力架上的分选柱下面。

3. 细胞分选

（1）移动试管架，使废液收集管在分离柱正下面；向分离柱中加入一定量的平衡缓冲液（一般为 PBS），让液体分散布满分离柱装柱物后流出，收集至废液管中。

（2）移动试管架，使阴性对照细胞收集管在分离柱正下面；至装柱物上面的缓冲液即将完全进入装柱物时，向分离柱中轻轻加入标记了磁珠的样品混合液，让自由穿过液流入阴性对照细胞收集管。

（3）加入缓冲液洗涤分离柱两次，去除未标记磁珠的细胞。

（4）从磁场中取下分选柱，置磁珠标记细胞收集管上；向其中加入缓冲液，装上活塞并快速推动，靠冲力将分选柱上吸附的细胞样品冲洗下来。

4. 细胞纯度鉴定

可利用流式细胞仪鉴定细胞分选的纯度。

（四）注意事项

（1）待分选细胞中如有贴壁细胞，建议在分选前先贴壁培养去除，或者提高 EDTA

浓度。

（2）抗体包被磁珠对死细胞常有非特异性结合。因而分选前去除死细胞。

（3）分选细胞量、孵育时间和温度等应遵照说明书。

（4）加缓冲液及细胞样品时避免产生气泡。应用真空抽滤水可减少水中气泡。

（5）上分离柱前，充分振荡、混悬细胞，打散细胞团块。

（6）细胞悬液加入分离柱中时，应将滴管伸至底壁后加入，避免将细胞悬液沿管壁流入，使管壁残流未分选细胞，以致后续洗柱过程中，因疏忽未被洗下，最后导致纯度不高。

（7）保持细胞湿润。

第三节　细胞破碎设备

1．简介

超声波是一种频率高于 20kHz 的声波，因其频率下限大于人的听觉上限而得名。它具有方向性好、穿透能力强、易于获得较集中的声能、在水中传播距离远等性能，可用于测距、测速、清洗、焊接、碎石、杀菌消毒等。

图 5-15　新芝 Scientz-IID 超声波细胞粉碎机（破碎仪）

超声波细胞破碎仪是一种利用超声波在液体中产生空化效应的多功能、多用途的仪器。它能用于各种动植物细胞、病毒细胞、细菌及组织的破碎，也可用于各类无机物质的破碎重组，同时可用来乳化、分离、匀化、提取、消泡清洗及加速化学反应等。该机已被广泛用于生物化学、微生物学、药理学、物理学、动物学、农学、医学、制药等领域的教学、科研、生产。国产品牌中用的较多的为宁波新芝（图 5-15），进口品牌中美国的 SONICS 推荐较多。

2．工作原理

超声波细胞破碎仪的电源变换器把 50～60Hz 的市电电压变换成高频电能。把这种高频电能输送到变换器内的压电换能器，在压电换能器中转换成机械振动。探头加强变换器发出的机械振动，在液体中产生压力波。这个作用形成成千上万的微泡（空穴），这些微泡在负压程时膨胀，而在正压程时爆聚。这种现象称为空化作用，它在爆聚点释放大量的能量，并且在探头端上产生强大的剪切作用，而起到破碎细胞等物质的作用。

3．使用方法

（1）打开电源开关，指示灯亮。

（2）设定超声频率、间隔时间、超声时间、全程时间、保护温度等参数。

（3）开始超声粉碎，全程时间到后，显示窗闪烁跳动并自动报警停止工作。

（4）如需重复上述过程，先按超声波细胞粉碎仪的清零再按启动键。如工作中需要暂停，再次按启动／暂停键。

4. 注意事项

（1）注意安全保护。电源部分存在高电压，除非合格技术人员不得打开机壳；确保超声波细胞破碎仪用三芯插头正确地接地；插电源线之前，请检测电源插座地线是否接地良好；电源部分未连接变频器时不得接通电源开关；没有装好端头前不得开动可更换端头的探头；不得触摸振动的探头；操作超声波细胞破碎仪时建议使用耳朵防护罩。

（2）切忌空载。一定要将超声变幅杆（超声探头）插入样品后才能开机。

（3）超声探头入水深度 1.5cm 左右，液面高度最好有 30mm 以上；探头要居中，不要贴壁。超声波为垂直纵波，插太深不容易形成对流，影响破碎效率。

（4）超声参数设置。①时间。应以超声时间短、超声次数多为原则。这样做可以延长超声机及探头的寿命。每次超声最好不要超过 5s，间隔时间应大于或等于超声时间。②功率。不宜太大，以免样品飞溅或起泡沫。

（5）超声时间不可太长，功率不可太高，否则对蛋白活性会有影响。如果超声时出现黑色沉淀，说明超声功率太强。

（6）容器选择。一般选择与样品量对应体积的烧杯，如有 20mL 样品就选择 20mL 烧杯，这样有利于样品在超声中对流，提高破碎效率。若样品放在 EP 管里，一定要将 EP 管固定好。以免冰浴融化后液面下降导致空载。

（7）用完后要用乙醇擦洗探头或用清水进行超声。

第四节　细胞切片制作设备

1. 简介

冰冻切片机是用于冰冻切片制作的设备，适用于人与其他动物软组织快速冰冻切片制作。

品牌产品有德国徕卡（Leica）、德国美康（Microm）、德国赛利（Slee）等，其中以徕卡的应用最多，其中一款见图 5-16。

2. 组成及工作原理

冷冻切片机主要由以下几部分组成：①操作室；②冷冻台；③标本台（组织包埋座）和标本头；④防卷板；⑤厚度调节旋钮；⑥切片刀架；⑦切片刀；⑧操作室和冷冻头温度调节；⑨手转轮；⑩标本头冷冻回缩键。

冷冻切片机的工作原理很简单，就是利用物理降温法使柔软的组织材料硬化，然后利用切片

图 5-16　Leica CM1950 冰冻切片机外观

机锋利的切面，将材料按照一定的厚度切成适合于显微观察的片。

3. 使用操作

操作方法见"视频 18 冷冻切片机原理及应用"。

操作流程：开机并设定冷冻温度→切片刀安装及调节→准备组织包埋座→材料包埋及冷冻→安装标本头→设定切片厚度→切片及观察。

详细步骤如下。

（1）开机并设定冷冻温度。开机后根据需要切片的材料特点，利用＋和－键分别设定箱体和样品头的温度。工作室一般 -18℃，样品头温度一般低于操作室温度 1～2℃。本次将操作室温度调到 -20℃，标本头温度调至 -22℃。

（2）切片刀安装及调节。将刀片固定锁钮向上扳动，取下旧刀片，从刀片盒中取出一枚新刀片，将新刀片安装在刀座上，再将刀片固定锁钮向下板动，锁紧刀片。

（3）准备组织包埋座。将干净的组织包埋座插入坐槽内，在其上均匀滴加适量的水或组织包埋剂，使冰冻后形成小平台。

（4）材料包埋及冷冻。获取新鲜组织切成 $0.5cm^3$ 大小的组织块备用。将样品材料平铺在组织包埋座的平台中央，然后尽快在样品上滴加 OCT 包埋剂，使包埋剂均匀地包埋住样品；继续在冷冻台上冷冻约 30min。尽量避免产生气泡。

（5）安装标本头。将包埋有样品的组织包埋座安装到标本头上，旋紧组织包埋座锁钮。

（6）设定切片厚度。用厚度调解旋钮设定切片厚度，一般先设定较厚的厚度（手转轮微调），等切到组织后再调为适宜的厚度。本次先设定 40μm，实际切时用 6μm。

（7）切片及观察。①用标本头前进、回缩键调节标本和刀片距离到合适距离。②转动右手侧手转轮修整标本至待切平面，用刷子将切下碎片清扫干净。③放下防卷板。④均匀旋转手转轮，每转动一周，切下一片，用手转轮固定锁将手转轮卡住。⑤用防脱载玻片正面向下扣向切下的样品薄片，并沾起一片样品薄片。⑥显微观察：用显微镜观察切片效果，主要观察厚度及完整性。观察可先进行简单染色使观察效果更好，如用醋酸洋红对切好的脾脏进行染色。

4. 注意事项

（1）放置防卷板时要小心轻放，用毛笔随时保持防卷板清洁。

（2）切片时要均匀旋转手转轮，不可倒转，否则厚度不均；不用时将转轮卡住，防止意外。

（3）切片完毕要将废物槽和标本台拿出工作室，自来水冲洗、晾干后再放入操作箱。

（4）切片结束后要将机器调回待机状态，即工作室温度调节至 -10～-5℃，然后按压面板锁键约 5s 锁住控制面板。

第五节　细胞酶活等分析设备

1. 简介

酶标仪是一种与光电比色计原理相似、用于检测 96 孔反应板板孔中液体样品光

密度的仪器。用于酶联免疫吸附试验
（ELISA）及其他需要在 96 孔反应板上
反应并显示出色度变化的检测。目前用
的比较多的仪器品牌为 Bio-Rad 公司的
酶标仪，如 iMark 型酶标仪（图 5-17）。

2．酶标仪结构组成与工作原理

酶标仪主要组成有：读数室、设置
键盘、操作界面、内置打印机和滤片室。

酶标仪基本工作原理与光电比色计
类似。光源灯发出的光线经过滤光片或
单色器后，成为一束单色光束；光线经
过微孔板中的待测标本，被吸收掉一部
分后，到达光电检测器；光电检测器检

图 5-17 Bio-Rad iMark 型酶标仪外观

测光信号。电信号经放大、模数转换等处理后，送入微处理器进行数据处理和计算。

Bio-Rad 公司的 iMark 型酶标仪是 8 通道垂直路径光度仪，它可施行单个或双波长
测量并以三个小数位值报告。iMark 型酶标仪可以通过膜键盘来编辑程序，设置读板及
分析条件，选择打印报告类型，并可以通过内置的热敏打印机打印结果。

3．使用操作

操作方法见"视频 12 Bio-Rad iMark 型酶标仪的使用"。

（1）打开仪器电源，让它进行 30s 自检。在读数前，仪器需预热 3min。

（2）加电时，登录屏显示。输入登录密码（初始密码：000000），按 Enter 键。

（3）在操作界面设置检测程序，以"终点法检测未知中性红浓度"为例进行设置。

① 在操作界面选择"程序"选项，出现"程序编辑界面"，包括阈值设置、报告类
型设置、限值设置、标准品设置、试验模式设置、酶标版布局设置。

② 在"程序编辑界面"选择"报告种类设置"，按 Enter 键进行报告类型设置，里
面包括原始数据、吸光度、限值、矩阵值、阈值、曲线、浓度和差异 8 个分项，本实验
中选择原始数据报告、吸光度报告、浓度报告和曲线报告四类。

③ 返回"程序编辑界面"，选择"标准品设置"，按 Enter 键进行标准品设置，其中
包括标准品信息的设置，即标准品的数量、浓度和单位及标准曲线设置，曲线设置即曲
线种类的设置和坐标轴的设置。a．标准品数量。可设置 0～12 个标准品数量，在浓度
选项里填入已给定浓度的大小；在单位选项里备有几十个单位可供选择，根据已知浓度
的单位选择与之相一致的单位。b．曲线设置。机器里备有多种曲线可供选择用于标准
品的拟和，本试验中选择线性关系；在坐标轴的设置这个选项里可对坐标轴的 X 轴、Y
轴进行线性或非线性的设置，本试验中选择线性。

④ 返回"程序编辑界面"，选择"试验模式设置"，按 Enter 键进行试验模式设置，
其中包括波长选择、振动选择和读数设定。本试验中选择 450nm 单波长，振动关闭状
态，读数设定选择默认设定。

⑤ 返回"程序编辑界面"，选择"酶标版布局设置"，按 Enter 键进入设置菜单，选
择手工排板，按 Enter 键。排版方法：当屏幕的左上角字母是"F"时。则只需把光标

移到该孔，可对某一孔进行性质设置，如空白（BLK 键），标准品（STD 键），质控（QC 键），样品（SMP 键），阳性对照（CP 键），阴性对照（CN 键）等；在屏幕的左上角字母是"N"的情况下可对该孔的数字编号进行修改，范围为 0～96。字母"F"和"N"可通过 FUNC 键来回切换。酶标板布局设置完成后，按 Enter 键即可。

（4）设置全部完成后按"Main"键，操作界面回到主屏幕。

（5）仔细把微孔板放进读数室。按"Start/Stop"键开始读数。

（6）打印机输出检测结果。

4．注意事项

（1）机器开启后，在读数前需预热 3min。

（2）放入酶标板要小心轻放，水平放入读数室。

（3）如果多次试验均用一种排版布局，则可以把该模板保存下来，用时即可调出直接使用，排版设置标准品的数量必须和前面标准品信息里的标准品个数相符合，否则无法保存。

本书常用溶液配制方法

1. 10% 中性福尔马林（pH7.2～7.4）

福尔马林（37% 甲醛）10mL，Na_2HPO_4 0.65g，$NaH_2PO_4 \cdot H_2O$ 0.4g，蒸馏水 90mL。

2. D-Hanks 液

KH_2PO_4 0.06g，NaCl 8.0g，$NaHCO_3$ 0.35g，KCl 0.4g，葡萄糖 1.0g，$Na_2HPO_4 \cdot H_2O$ 0.06g，加 H_2O 至 1000mL。高压蒸汽灭菌，冰箱 4℃ 保存。

3. 0.067mol/L 的 PBS

$Na_2HPO_4 \cdot 12H_2O$ 11.81g，KH_2PO_4 4.5g，用蒸馏水溶解并加至 1000mL。

4. 吉姆萨染液（贮存液）

取 0.5g 吉姆萨粉末，加 33mL 纯甘油，在研钵中研细；放在 56℃ 恒温水浴锅中保温 90min；再加入 33mL 甲醇，充分搅拌，用滤纸过滤，于棕色细口瓶中保存。

5. 0.4% 的台盼蓝（trypan blue）生理盐水溶液

称取 0.4g 台盼蓝染料，加少量水研磨粉碎；再加水至 50mL，过滤；加入等量 1.8% 的 NaCl 溶液。

6. 醋酸洋红染液

向 100mL 45% 的乙酸溶液中加入洋红染粉 0.5～1g，煮沸约 5min；冷却后过滤，再向滤液中加入 1%～2% 铁明矾水溶液数滴，直到此液变为暗红色不发生沉淀为止；也可悬入一生锈的铁钉，过 1min 取出，使染色剂中略具铁质，增进染色性能（媒染）。染液盛于棕色瓶中加盖避光贮存。注意：配好的染液不能立即使用，应放置 1 个月以上使染料成熟后才可产生理想的染色效果。

7. 0.01mol/L PBS（pH7.2）

NaCl 8.0g，KCl 0.2g，$Na_2HPO_4 \cdot H_2O$ 1.56g，KH_2PO_4 0.2g 溶于双蒸水中，再用双蒸水定容至 1000mL，混匀，高压蒸汽灭菌。

8. 0.01mol/L PBS（pH7.4）

$NaH_2PO_4 \cdot 2H_2O$ 0.45g，$Na_2HPO_4 \cdot 12H_2O$ 3.23g，NaCl 8.00g，用蒸馏水溶解并定容至 1000mL。经 121℃、15min 灭菌。

9. RPMI1640 完全培养液

RPMI1640 基础培养液 90%，胎牛血清 10%，青霉素 100IU/mL，链霉素 100μg/mL，0.22μm 滤膜过滤除菌，保存于 4℃ 冰箱。

10. DPBS（pH7.4）

NaCl 8g，KCl 0.2g，$Na_2HPO_4 \cdot 12H_2O$ 1.15g，KH_2PO_4 0.2g，用蒸馏水溶解并定容至

1000mL，无需调 pH。

11．含 0.02% EDTA 的 0.25% 胰蛋白酶

用 D-Hanks 液配。每 100mL D-Hanks 液中加入胰蛋白酶 0.25g、EDTA 0.02g。0.22μm 滤膜过滤除菌，保存于 4℃冰箱。

12．含 10% 小牛血清的 DMEM 培养液

DMEM 基础培养液 90%，小牛血清 10%，青霉素 100IU/mL，链霉素 100μg/mL。0.22μm 滤膜过滤除菌，保存于 4℃冰箱。

13．Hanks 液

1L Hanks 液中含 NaCl 8.00g，KCl 0.4g，$CaCl_2$ 0.14g，$MgSO_4 \cdot H_2O$ 0.2g，$Na_2HPO_4 \cdot 12H_2O$ 0.12g，KH_2PO_4 0.06g，$NaHCO_3$ 0.35g，葡萄糖 1.00g，酚红 10～50mg，用 NaOH 或 HCl 调 pH 至 7.4。配时可将钙盐和镁盐分别单独用少量水稀释，待其他成分溶解后再加入，避免形成沉淀。高压蒸汽灭菌，冰箱 4℃保存。

腹水瘤小鼠模型建立方法

一、实验材料、试剂及用品

1．材料

6～8周龄健康小鼠，雌雄不限；已腹腔接种S-180鼠肉瘤细胞株5～7天的腹水瘤小鼠。

2．试剂

0.9% NaCl溶液（生理盐水）。

3．用品

剪刀、5mL一次性注射器及针头、一次性乳胶手套、酒精棉球、10mL离心管（需提前消毒）、胶头吸管（需提前消毒）等。

二、实验步骤

（1）脱颈处死已腹腔接种S-180鼠肉瘤细胞株5～7天的腹水瘤小鼠，用酒精棉球消毒腹部。

（2）沿腹中线剪开小鼠腹部皮肤并向两边撕开，暴露腹膜，用带针头的一次性注射器抽取2～3mL腹腔液（乳白色或微黄色），放入无菌离心管中。注意：抽取腹腔液时应用左手将小鼠内脏推向一侧，给针头留出空隙，否则针头易被腹腔内的肠、肠系膜等堵塞。操作参见"视频2 小鼠腹腔注射与腹腔液的抽取"。

（3）用无菌生理盐水洗涤细胞2次：每次加5mL生理盐水，1500r/min离心5min，弃上清液，留细胞沉淀。

（4）用生理盐水重悬细胞沉淀，计数后调浓度至$1×10^7$个/mL，每只小鼠腹腔注射0.2mL。

三、注意事项

（1）注意全程无菌操作。凡与细胞接触的容器及试剂均应预先消毒，抽取腹水和注射前小鼠腹部均应消毒。

（2）整个操作应在30min内完毕。为了节省时间，可不计数，洗涤后直接用原腹腔液体积3倍的生理盐水重悬细胞沉淀，然后给每只小鼠腹腔注射0.2mL细胞悬液。

细胞培养前的准备工作

一、重铬酸钾硫酸洗液的配制

（1）配方。①弱液（重铬酸钾100g，浓硫酸100mL，蒸馏水1000mL）；②次强液（重铬酸钾120g，浓硫酸200mL，蒸馏水1000mL）；③强液（重铬酸钾63g，浓硫酸1000mL，蒸馏水200mL）。一般常用次强液。

（2）配制容器。内壁完整的瓷器或玻璃烧杯。

（3）配制方法。①穿好工作服，戴好防护口罩、防护手套、防护镜，准备好容器和蒸馏水。②采用称量纸称取需要量的重铬酸钾，然后转入玻璃大烧杯。③加入蒸馏水，搅拌使其尽可能溶解（必要时加热溶解）。④然后沿容器壁向其中缓慢加入浓硫酸，边加边搅拌。因浓硫酸溶于水会产生大量热而比较危险，可在加浓硫酸过程中中途停下来降温几次，不可使温度过高导致容器破裂，发生危险。⑤将配好的洗液静置放凉，然后小心转入专业的防酸防腐蚀容器；加盖存储。⑥加水冲洗配制容器，倒入废液缸，重复两次，基本无酸液腐蚀性后，才可以进入常规洗涤使用。

二、用品清洗

除了无菌密封包装产品可直接使用外，与细胞接触的培养用器皿要严格清洗，以防各种有害物质对培养细胞产生损害。对于塑料瓶盖或胶塞等，可水中浸泡后用2% NaOH煮沸10～20min，然后在自来水中浸泡和用蒸馏水漂洗2～3次，晾干备用。细胞培养中的绝大多数器皿为玻璃制品，清洗过程如下。

1. 浸泡

第一次使用或重复使用的玻璃器皿须经5%盐酸溶液或自来水浸泡过夜或煮沸30min，水洗。以去除新购进玻璃器皿所带有的灰尘、铅、砷等物质，并消除其弱碱性。

2. 刷洗

浸泡后用软毛刷和优质的洗洁精进行刷洗。

3. 酸浸

酸浸即用重铬酸钾硫酸洗液浸泡。操作参见"视频9 细胞培养准备工作"。

（1）将清洁并烘干的待泡酸器皿依次装入带有较长扎口带的塑料网袋中。

（2）戴好防护镜、口罩、耐酸的长乳胶手套及耐酸围裙，将网袋小心放入洗液中，用耐酸的棍子（如玻璃棒）往下压，直至全部器皿浸入洗液中，只露出扎口带在盛洗液的容器外。

（3）浸泡超过 24h。

4．洗涤

操作参见"视频 9 细胞培养准备工作"。

（1）预先戴好防护镜、口罩、耐酸的长乳胶手套及耐酸围裙。

（2）缓慢从洗液中提起网袋；通过调整网袋方向，使洗液尽可能多地倒回洗液缸内；待洗液流尽后，将网袋放入塑料盆内，将盆端至水槽中。

（3）先用少量水将网袋里的器皿冲洗 1～2 遍（细节：转动网袋各个角度涮洗），冲洗废液倒入烧杯，再转入收集废液的容器中。

（4）用自来水再冲洗器皿至完全洗净酸液，逐一从网袋中取出器皿进入常规洗涤。

三、干燥

（1）玻璃及金属用品，在烘箱中 110℃烘干水分。

（2）塑料及乳胶用品，如针头式滤器、乳胶头、离心管盖等一般用不高于 65℃的温度烘干。

四、包装

器材经清洗烤干或晾干后，应先严格包装，然后再行消毒灭菌处理，以防止消毒灭菌后再次遭受污染。包装材料常用包装纸、牛皮纸、硫酸纸、棉布、铝饭盒、玻璃或金属制吸管筒、纸绳等。

五、消毒及灭菌

消毒及灭菌随物品的不同而采用不同的方法。

1．紫外线

紫外线主要用于消毒实验室空气、工作台面和一些不能使用其他方法消毒的培养器皿。进无菌室前或做完实验后，均应开灯照射 30min 进行消毒。紫外线照射 60min 可以消灭空气中的大部分细菌。一般在正式实验前，预先将实验用品及无生物活性的溶液转入超净工作台，开启紫外灯照射消毒至少 0.5h，为了保险，一般用 1.0h。然后在实验开始前 0.5h 关闭紫外灯以使臭氧散失。

2．消毒剂

操作者的皮肤、培养瓶的盖和外壁常用碘酒、乙醇消毒。无菌室内桌椅和物体的消毒可用 0.1% 新洁尔灭、过氧乙酸、来苏尔等擦拭或浸泡。实验室、无菌室的消毒可用甲醛熏蒸（高锰酸钾 5～7.5g，加 40% 甲醛 10～15mL，混合放入一开放容器内，立即可见白色甲醛烟雾，房间密闭 24h 即可）。

3．干热消毒

该法多用于金属和玻璃器皿消毒，干热烤箱 180℃ 45～60min。

4．湿热消毒

橡胶制品、塑料器皿、平衡盐，以及其他无生物活性、不易挥发或分解的溶液，用 68kPa（115℃）高压灭菌 10min；布类、玻璃制品、金属器械等用 103kPa（121.3℃）

高压灭菌 15～20min。

5. 过滤消毒

有生物活性的溶液（如培养液、肝素钠溶液、PHA 溶液、胰蛋白酶溶液）、易挥发的溶液（如碳酸氢钠溶液）和易高温分解的溶液需要过滤消毒。一般用 0.22μm 孔径的滤膜过滤消毒，可除去液体中的细菌和霉菌等。如过滤两次，可使支原体达到某种程度的去除，但不能除去病毒。滤器分为负压和加压式两种。过滤的液体量很少时，可选用注射器微量滤膜滤器。过滤器准备和使用操作见"视频 9　细胞培养准备工作"。

（1）滤膜安装。取洗净烘干的可换膜针筒式过滤器，拧开后，再用平头镊子夹取滤膜，小心放置在滤器帽端塑料垫圈上；然后将滤器有网眼的芯对正，旋入帽中。

（2）滤器包装及消毒。将滤器放入不锈钢饭盒内，再放入高压蒸汽灭菌锅内进行消毒。

（3）过滤。①在超净工作台内，打开不锈钢饭盒，夹住过滤器外壁取出过滤器，小心旋紧盖子；细口即出液口朝下放在无菌容器口上。②用无菌一次性注射器，吸取适量需要过滤消毒的溶液；将针筒头垂直朝下插进滤器粗口即进液口内；缓慢按压注射器芯杆，推出其中液体，使其通过滤膜得到过滤。③观察：若开始按压后液体先布满滤器滤膜表面再下滴，则滤膜应该是完好无损的；若尚未布满就从一侧快速下滴，则可能滤膜有破损，需旋开检查滤膜的完整性。④过滤完毕后，需要再次检查滤膜完整性，拧开滤器观察滤膜。

6. ^{60}Co 照射

不耐热的塑料制品或一次性用品的灭菌可经包装后，用 γ 射线照射消毒。

六、预热溶液

将保存于 4℃冰箱的培养液及其他有生物活性的溶液在使用前 0.5h 拿出来，移入紫外线消毒过的超净工作台。

七、洗手和着装

将手用肥皂洗干净，再用酒精棉球擦拭一遍，进入更衣间，穿上消毒工作服，戴上一次性消毒帽子和口罩，套上鞋套。

八、无菌室内的准备工作

开启鼓风，用 75% 酒精棉球消毒手部、操作工作台面及后面转入的培养液瓶外壁等；依操作方便将用品合理布局；点燃酒精灯，使以后操作都能通过火焰或在靠近火焰处进行。